生物多様性と食・農

天笠啓祐 著

緑風出版

生物多様性と食・農◉目次

はじめに

あらかじめ希望が奪われた時代になってしまった。どんなに絶望と思われていた、どん底の時代でも、希望はあった。今はその希望が見いだし難い。

人々から希望を奪ったグローバリズムが、他方で環境破壊を地球規模にまで広げてしまった。この環境破壊も、人類もろとも滅ぼしかねない、すでに手遅れになりつつあるという指摘もある。

一九七〇年代初め、私が環境問題に関わり始めた当時は「公害」という言葉が使われ、まだ個別の企業の犯罪であったり、地域の問題だった。その後、徐々に広域化が進み、公害という言葉がほとんど使われなくなり、環境問題に置き換わり、汚染も国境を越え「地球的規模の環境問題」といわれるようになった。その地球的規模の環境問題の一つとして、生物多様性の崩壊が指摘された。

生物多様性という考え方が一般化したのは一九九〇年代初めである。まだ新しいものの、いまや自然保護で最も重要な概念になり、環境悪化の指標となり、その保護が環境保護の具体的でもっとも大事な方法になった。

地球の現状は、生物多様性の崩壊に歯止めがかからない状況にある。熱帯雨林の消失に歯止めはかからず、気づかれないうちに死滅した生物種も多数にのぼると考えられている。湿地や乾燥地帯も同様である。農地でも同じ作物を大量に栽培するモノカルチャー化が進み、農薬や化学肥料を大量に使用することで、土壌中の生物が大量に死滅している。その失われゆく生物多様性に人類滅亡の道程を重ね合わせて見ることができる。

そこに、さらに遺伝子組み換え技術などのバイオテクノロジーが登場した。生命の内部を操作する技術の登場で、生物多様性は新たな脅威にさらされ始めた。

一九九二年にブラジルのリオ・デ・ジャネイロで開かれた地球環境サミットで、生物多様性を守るための条約が締結された。最大の環境破壊国である米国がこの条約の調印を拒否したことから、このサミット自体失敗だったと評価された。しかし、そうした政府間の動きとは別に、NGOの取り組みが注目された。世界中から集まったNGOは約七〇〇〇団体、延べ二万人に達した。そこで開催されたNGOフォーラムで提起された考え方が「プラネット・ダイバーシティ」すなわち地球全体の多様性を守ろうというものだった。

生物多様性は、文化、社会、民族、性などさまざまな多様性と深く関わっている。そのため生物多様性を守ることは、地球全体の多様性を守ることでもある。自然を、歴史的・文化的価値とともに捉えていくことが大切だと提起されたのである。そのため、生命を特許化して自然を経済的利益のために囲い込むことに反対し、先住民や少数民族が守ってきた自然や伝統を尊重する姿勢が示された。さらには持続可能な農業や漁業の大切さが打ち出され、政府間交渉が狭い解釈にとどめた生物多様性をダイナミックにスケールを大きくして捉え、その全体を守る必要がある、と訴えたのである。

くり返すが、現実は、次々と失われている生物種の数が人類滅亡への道程を示している。言い換えるならば、グローバリズムの主役である多国籍企業が栄え、人類は滅びる道を進んでいるのである。その奔流に対抗して、私たちが取り組めることはけっして少なくない。リオ・サミットでNGOが打ち出した考え方が、その方向を示しているといえる。本書で紹介する生物多様性保護の活動は、そこから見ると、ごくささやかなものかもしれないが、地球の多様性を守る重要な取り組みだと考えている。読者の皆さんのお役に立てば幸いである。

第1部　生物多様性条約とカルタヘナ議定書

第1章　生物多様性とは？

ドイツ・ボンにて

ドイツのボン市は、ライン川に沿って町並みが広がる、こじんまりと美しく落ち着いた町である。かつて東西にドイツが別れていた時代、西ドイツの首都だった。といっても、とても首都としての重厚な存在感は、当時からなかった。

戦後、西ドイツの首都をどこに置くか、フランクフルトとボンの間で争いがあった。もしフランクフルトが首都になると、やがて統一された際に、ベルリンに首都を戻すことができなくなるのでは、という思惑があり、地方の一小都市にすぎなかったボンが暫定の首都になった経緯がある。

東西ドイツ統一とともに、ふたたびベルリンに首都が置かれ、地方の一小都市に戻ったボンだが、ひとたび首都を経験したことから、その存在感を示すために国際会議を誘致してきた。

そのボンで二〇〇八年五月一二日から三〇日にかけて、生物多様性条約締約国会議とカルタヘナ議定書締約国会議が開催された。

この締約国会議は、ＣＯＰとかＭＯＰといった言い方がされる。ＣＯＰは、Conference of Partiesで、Conferenceは会議を、Partiesは締約国を意味する。ＭＯＰは、Meeting of Partiesで、Meetingも会議を意味する。

ボンで開催された生物多様性条約締約国会議は、同会議の九回目に当たることから「ＣＯＰ９」、カルタヘナ議定書締約国会議が四回目であることから「ＭＯＰ４」という言い方がされた。二〇一〇年には、次回の会議が名古屋で開催されるが、その時には、ＣＯＰ10かＭＯＰ５という言い方になる。

地球環境問題は、このところ温暖化に注目が集まっているが、酸性雨やオゾン層破壊など、さまざまな問題がある。

温暖化とともに現在、注目されている大きなテーマが、生物多様性の喪失である。国や企業などの開発や活動で自然が破壊され、多くのいのちが失われている。それに対処することが、早急に求められているのである。

もちろん酸性雨も温暖化も多様性を奪うため、地球環境問題は複合的に影響しあっているといえる。とはいっても、熱帯雨林や湿地、乾燥地帯などで進む破壊から生態系を守り、野生動植物など多様な自然を守るのが目的でつくられた国際条約が、生物多様性条約である。

生物多様性とは？

生物多様性は、分かり難い概念かもしれない。事実、温暖化に比べて関心が薄いのが現状である。しかし、極めて大事な概念である。この多様性には、いのちの大切さはもちろん、地球上のいのちはお互いにつながり合っているという意味が込められている。人間と猿は似ているようで異なり、同じ猿でも生息地域によって異なるように、生物の間にはさまざまな違いがある。その人間にしても、一人一人顔や姿形が異なる。このような違いを多様性という。その多様性が維持されて初めて、地球上のありとあらゆるいのちの営みが可能になる。

生物多様性は、よく砂山に譬えられる。一つ一つの砂粒が生物種を意味する。円錐形をした砂山の下の方の砂を指でほんのわずか取り去るだけで崩れ始め、頂点まで影響が及ぶ。取り去った砂粒が失われた生物種で、たった一粒の砂が失われることでたくさんの生物種が、連鎖的に失われていくのである。現在までに知られている生物種は約一八〇万種程度とされてきた。実際に存在する生物種はその七～八倍はあると考えられている。種は、生物を分類する際の基本単位であり、それを砂粒一粒と譬えることができる。

さまざまな生物種が存在することで、生態系は形成されており、その一つがかけることで、生態系のシステム全体に影響が及ぶことは、しばしば見られる現象である。現在、農薬使用や

COP9/MOP4が開催されたボン市のマルティム・ホテル

環境汚染、開発などで、その生物種が次々と滅亡の危機に瀕している。例えば、日本ではトキやヤンバルクイナなど、欧米ではオオカミなどが有名だが、ひとつの生物種が生きるためには、たくさんの生物種が必要である。ある時には食料であったり、住まいであったり、助け合う仲間だったりする。多様な生物種が支え合って、始めてひとつひとつの生命体が存在しているのである。

「生物多様性」（岩波書店・同時代ライブラリー）の中で堂本暁子さんが、冒頭、「不思議の国のアリス」に登場する鳥ドードーを紹介している。この鳥は、いまや生物多様性保護の象徴にもなっている。二〇〇八年にボンで市民団体等が開催した「プラネット・ダイバーシティ（地球の多様性を守る国際会議）」の際に開催された野外イベントでも、この鳥の着ぐるみを着た人が何人かいた。

ドードーは、かつてインド洋のモーリシャス島に実在していた。この島にオランダ人がやってきたことで、飛ぶことができないドードーはあっというまに絶滅した。この鳥がいなくなるや、島の樹木に異変が起き始めた。この鳥が食べていたカリバリア・メジャーの木の実は、鳥の糞と一緒に排泄されて始めて発芽する。ドードーの絶滅がこの島独自の希少種である樹木の命を絶ったのである。この樹木の死が、さらに他の生物を死に追いやることになる。このように、ひとつの生物種の滅亡は、その生物種が滅びるだけでなく、それに依存する他の生物種の絶滅へとつながる。

川名英之さんは『世界の環境問題』第五巻（緑風出版）の中で米国イエローストーン国立公園でのオオカミのケースを述べている。一九三〇年代、国立公園管理当局がオオカミを危険動物と見なして駆除してしまったことから、異変が起き始めた。オオカミが捕食していたエルクやシカなどの大型草食動物が増加し、その餌の草や樹木が大量に失われた。その結果、若木がなくなりそれを餌としていたビーバーが姿を消した。またオオカミが捕食していたコヨーテも増え、餌の地ネズミが減り、それを餌としてきた猛禽類が減少した。一九九〇年代中頃、オオカミ再生計画の取り組みが進められ、生態系が徐々に再生しつつあるという。

生物はそれぞれ種を守るために、さまざまな工夫を自然と身につけてきた。そのもっとも大事な対応策も多様性である。画一化していると、病気が広がったり、災害が起きたりした際

「プラネット・ダイバーシティ」の全体会議

に、全滅する可能性が強まる。そのため例えば哺乳類では、両親があって始めて次の世代が誕生するようにして、多様性を作り出してきた。

生物多様性条約とカルタヘナ議定書の役割

その生物多様性が開発や企業活動などによって次々と奪われてきた。その多様性を守るために作られたのが、生物多様性条約である。

ボン市で、二〇〇八年五月一二日から三〇日にかけて生物多様性条約締約国会議とカルタヘナ議定書締約国会議が開催されたが、ここでいうカルタヘナ議定書とは、生物多様性条約で決められたことを具体化するためにつくられたもので、主に遺伝子組み換え（ＧＭ）生物を規制するための具体策である。条約が大枠を決めるのに対して、議定書は具体的な対策を決め、締約国はそれに従うことが求められる。温暖化対策での気候変動枠組み条約と京都議定書の関係に対応する。ボンでは最初の一週間で、カルタヘナ議定書締約国会議（ＭＯＰ４）が開催され、後半二週間かけて、生物多様性条約締約国会議（ＣＯＰ９）が開催された。

生物多様性条約とカルタヘナ議定書は、ちょうどコインの裏表の関係にある。開発などによって外側からいのちの連鎖が壊されていくのを阻止しようというのが、生物多様性条約である。それに対して、ＧＭ技術など生命操作技術によって内部からいのちが壊されていくのを阻止しようというのが、カルタヘナ議定書である。この条約の調印を米国政府は拒否した。もちろん議定書もサインしていない。

地球の多様性を守るために

国際会議は、政府間交渉の場だけが開催されたわけではない。締約国会議の他に、もうひとつ環境保護団体、市民団体、農民団体などが集まり「プラネット・ダイバーシティ（地球の多様性を守る国際会議）」が開催された。会場は、締約国会議が行われたマルティム・ホテルの、至近距離にあるグスタブ・シュトレーゼマン研究所の研修施設で、五月一二日から一六日にかけて開催された。ダイバーシティとは多様性のことである。生物多様性はバイオ・ダイバーシティ（Biodiversity）であり、プラネット・ダイバーシティ（Planet Diversity）は、直訳すると地

ライン河川敷公園で開かれた「プラネット・ダイバーシティ」野外集会

球の多様性ということになるが、いのちの連鎖を守るだけでなく、食・農・性・民族・文化などさまざまな違いとつながりを大切に守っていこうというのが、その狙いにある。

現在、政府や多国籍企業などによってグローバル化が進められている。単一化といってもよい。それに対抗して、国を越え、さまざまな人が集まり、さまざまな多様性を守っていこうという思いが込められている。

この市民の手による国際会議は、実は二〇〇五年から始まった。同年と翌二〇〇六年はドイツ・ベルリンで、二〇〇七年は場所をベルギー・ブリュッセルに移し、「ＧＭＯフリーゾーン欧州会議」として開催された。参加者も主にヨーロッパの市民団体の人たちだった。そこでは「ＧＭＯフリーゾーン・生物多様性・地域農業の発展」をテーマに会議が開催された。

デモでは各国からの参加者が民族衣装を着て行進した、先頭に立ったのはインドの科学者ヴァンダナ・シバさん

ＧＭＯフリーゾーンとは、遺伝子組み換え（ＧＭ）生物のいない地域のことである。その地域を広げる運動が、ヨーロッパで広がっている（第4部第2章で詳述）。なぜＧＭ作物への反対運動が、生物多様性条約締約国会議とかかわりがあるのだろうか。少し説明が必要のようだ。

ＧＭＯフリーゾーン運動は、もともとイタリアのぶどう栽培農家やワイン生産者などが始めたものである。これらの人たちは、スローフード運動を始めた人たちであり、両者の運動に共通している考え方が「多様性」である。スローフード運動は、イタリア・ローマにマクドナルドが進出してきたことに反対して始まった。それはファーストフードが、世界中から安い食材を買い集め、世界中同じ味にしてしまうことに対して、地域や各家庭の農業、食材、食文化といった、多様な農業や食文化を大事にし、守っていこうというのがその主旨である。

ＧＭＯフリーゾーン運動の目的は、多国籍企業によって種子が支配され、作物が支配され、世界中同じ農業、食べもの・食文化が広がることに対抗して、地域ごとに異なる多様な農業や食文化を守ろうというもの。スローフード運動もＧＭＯフリーゾーン運動も、多様性が共通のコンセプトである。例えば、インドでは、伝統的農業をしていた農民たちが、その地域にもともとあった品種の種子を守ってきた。現在日本では、地域固有の品種が失われてきているが、最近では、有機農業を行っている農家の間で、そういう作物を守る試みが広がり、種子交換会なども行われている。山形県最上地方の農家の間で、地元で生まれたイネの品種「さわのはな」を復活させるなど、伝統ある品種が戻り始めているところもある。

二〇〇八年は、その第四回目の会議にあたり、生物多様性条約締約国会議が開催されるのに合わせて、会場もボンに移して、テーマも日程もスケールアップして開催され、世界中から約二〇〇〇人以上が参加した。前年までは二日間の日程だった。〇八年は第一日目に、各国からの参加者が民族衣装を着て、締約国会議が開催されているホテルに向かってデモ行進を行ったのを始まりに、カルタヘナ議定書締約国会議に合わせて五日間かけて行われた。

そのデモの先頭には、インドの科学者で、ＧＭ作物に反対してインド固有の種子の保存に力を入れて取り組んでいるヴァンダナ・シバさんと、カナダの農民でモンサント社の不当な訴えと闘ってきたパーシー・シュマイザーさんが立った。デモ隊参加者は、それぞれ民族衣装や着ぐるみに身を包んで、行進した。先住民や少数民族の人たちが、楽器を演奏したり踊りながら行進するなど、それぞれのグループが多彩な行進を行った。

先住民や少数民族の人たちが、この生物多様性条約締約国会議に対抗する運動に、なぜ熱心に参加するかというと、世界的に見ると自然の豊かな場所の多くは、そういう人たちが住み、自然と共生してきた地域だからである。先住民の中には自然との共生を長い間続けてきた人たちが多い。伝統的な狩猟や農業は決して自然を破壊するほどにはならない。そこを先進国の多国籍企業などがやってきて開発し、破壊してきた。それだけではない、植物などが持つ有用な遺伝資源を勝手に持ち去り、製品化して資源国などに売り込むバイオパイラシー（生物学的海賊行為）が横行してきたからである。

生物、生物多様性はどのように定義されているか？

生物と生物多様性という言葉について、もう少し考えてみよう。カルタヘナ議定書で「生物」は、次のように定義されている。「『生物』とは、遺伝素材を移転し又は複製する能力を有するあらゆる生物学上の存在（不稔(ねん)性の生物、ウイルス、ウイロイドを含む）をいう」。簡略にいうと、あらゆる生物のことだといってよい。

生物多様性条約では「生物多様性」について、次のように定義している。

『「生物の多様性」とは、すべての生物（陸上生態系、海洋その他の水界生態系、これらが複合した生態系その他生息の場のいかんを問わない）の間の変異性をいうものとし、種内の多様性、種間の多様性及び生態系の多様性を含む』。簡略にいうとすべての生物の間の違いのことだといってよいだろう。しかもここでいう多様性には、種間だけでなく、種内も含めている。広く解釈すれば、同じ種内の遺伝子の違いまで含めることになる。人間一人一人の違いまで含めることになる。

ここで大切なことは、野生生物だけでなく、人間や、農作物や動物園の鳥や動物、土の中にいる微生物も含めた、あらゆる生物を対象にした条約であり、しかもひとつひとつの命あるものの違いを守ることで、生態系を守り、美しい地球を守っていこうという条約である。本来は、例えば、沖縄や奄美大島で、ハブやネズミの天敵として意図的に導入されたマングースが、在来の哺乳類、爬虫類を大量に補食し、かなりの種を絶滅寸前にまで追い込んでいる。このような人為による生態系の破壊を防ごうという条約である。

後で取り上げるが、日本政府はこの生物や生物多様性の考え方を狭く解釈して、生物多様性を守るために必要な対策を怠り、経済活動を優先してきた。その意味では、日本政府は、自らが果たすべき生物多様性条約やカルタヘナ議定書の本来の役割を、果たしてこなかったといえる。

一〇年ごとに開かれる国連環境サミットで条約が成立

生物多様性条約に至る経緯について、振り返ってみる。もともとこの条約は、一〇年ごとに開かれる国連環境会議で誕生したものである。その国連環境会議がスタートしたのが、一九七二年、スウェーデンのストックホルムで開かれた第一回・国連人間環境会議だった。当時、世界各国で深刻化し始めた公害問題への対策を議論するため開催された。この会議には、日本から水俣病の患者が参加、日本で起きている公害病の深刻さに、世界中が衝撃を受けたことを、いまも鮮明に覚えている。この会議の決議によって、国連環境計画（ＵＮＥＰ、本部はナイロビ）が設立された。

一九八二年は、ケニアのナイロビで同会議が開かれた。この時、それまで各国間の問題だった環境破壊が徐々に越境を始め、国際問題に発展していた。この会議では、米国政府特別調査報告として刊行された『西暦二〇〇〇年の地球』が大きな衝撃をもたらし、環境問題は地球規模で対策を立てる必要があることが強調された。

そして一九九二年に、環境と開発に関する国連会議がブラジルのリオ・デ・ジャネイロで開催された。リオで開催されたことから、別名リオ・サミットとも呼ばれた。待ったなしで、地球環境問題に取り組む必要性から、この時二つの条約が署名・成立した。一つが地球温暖化防

生物多様性条約に至る経緯

1972年	国連人間環境会議（ストックホルム） 世界に広がる公害問題、水俣病が世界に衝撃をもたらす
1982年	国連人間環境会議（ナイロビ） 米国政府『西暦2000年の地球』報告、地球環境問題が浮上
1992年	環境と開発に関する国連会議（リオ・デ・ジャネイロ） 地球的規模での環境破壊に対応、生物多様性条約成立
2002年	世界環境サミット「リオ＋10」（ヨハネスブルク） 1992年のその後の検証
2012年	韓国開催予定

止を目的にした気候変動枠組み条約、そしてもう一つが自然を守り生態系を保護することを目的にした生物多様性条約だった。この条約が主要なターゲットにしたのが、熱帯雨林保護であり、リオで開催されたのも、その意味が込められていた。

二〇〇二年には、世界環境サミットが南アフリカのヨハネスブルクで開催された。このサミットは、リオ・サミットの成果が検証されたことから「リオ＋10」と命名された。次回開催は二〇一二年で、韓国開催が有力視されている。

地球環境問題の中では、このところ温暖化に注目が集まっている。もともと地球環境問題として取り上げられたテーマは、温暖化だけではない。酸性雨、オゾン層の破壊、飢餓・砂漠化、熱帯雨林破壊、廃棄物の越境、放射能汚染などの問題も地球環境問題として取り上げられてきた。だが現在、温暖化以外の問題は、ほとんど取り上げられていない。その結果、温暖化対策が原発推進だったり、歪んだ解決方法が示されるなど、むしろ矛盾を深める方向で対策が進められているのが現状である。

いま地球環境は、グローバル化の激しい攻撃を受けて、新たな危機に直面している。温暖化だけではなく、地球環境は悪化の一途を辿っている。六ヶ所村での再処理工場稼働問題、プルサーマル計画の実施など、新たな問題も起きている。熱帯雨林の破壊をみても、年々伐採面積は拡大しており、縮小に向かう道筋はまったく見えていない。

その熱帯雨林の保護など、地球の自然を守るために、かつて生物多様性条約が締結された。しかし、その実効ある対策は阻まれたままである。

多国籍企業が奪う生物多様性

一九九二年、ブラジルのリオ・サミットで、この生物多様性条約が締結された時、最大の課題は熱帯雨林の破壊を止めることだった。赤道付近の熱帯地方にある森林は、世界の森林の約半分を占めているだけでなく、地球上の全生物種の四〇％がいると見られる自然の宝庫である。さらには二酸化炭素を酸素に変え、地球の気候にとっても大切な役割を果たしている。その熱帯雨林の破壊が進んできた。このまま破壊が進行すれば、希少な生物・貴重な生物が次々と姿を消し、生態系に異変が広がるだけでなく、地球の気候に大きな変化が起きることが予測されていた。

一九八〇年に約一九億一〇四〇万ヘクタールあった熱帯雨林が、主に伐採などの開発で失われてきた。その他カナダ西部の世界最大の亜寒帯林も日本の多国籍企業によって大規模伐採が続けられ、先住民が暮らせなくなり、軋轢をうんでいる。国連食糧農業機関（ＦＡＯ）が、一九九三年に行った調査では、一九八〇年代、熱帯雨林は毎年約一五〇〇万ヘクタール減少したことが分かった。生物多様性条約ができた後も、伐採に歯止めはかからなかった。それどころか、さらに伐採のペースは増幅し、一九九〇年代は毎年約二〇〇〇万ヘクタールが消滅している。二〇〇〇年代に入り、さらに消滅のペースは拡大している。その最大の原因は、ブラジルの場合、大豆畑の侵略である。その大豆の大半がモンサント社の遺伝子組み換え（ＧＭ）大豆である。最近、ブラジルやアルゼンチンで大豆畑が拡大し、その生産量が増加している。その最大の理由が、大豆の需要増大と、価格の高値化である。もともと大豆は、お米を食べるアジアの人たちの蛋白源だった。最近では、蛋白質の豊かさが家畜に飼料に向いているとして、飼料用途の需要が激増した。とくに増えたのが中国の輸入量で、同国での肉食の増加がその原因である。それに加えて、最近ではバイオ燃料の一つ、バイオディーゼルの原料になることから、さらに需要の増加が見積もられている。このように熱帯雨林の消失を加速する要因は増えつづけている。

生物多様性条約は、熱帯雨林など世界中の自然を破壊から守るために、一九九二年五月、ケニアのナイロビで採択され、同年六月にブラジルで開かれた地球サミットで一五七カ国が署名して成立した。しかし、この条約をめぐって、熱帯雨林などの遺伝資源をもつ途上国と、その資源を用いて工業化を進める先進国との間で、激しい軋轢があった。先進国が途上国に対して自然保護を求めたのに対して、途上国は先進国に対して、途上国にかってにやって来て資源を奪い、開発した製品を途上国に売り込んでいる、と批判した。少なくとも、先進国はその利益を途上国に還元すべきだと主張したのである。それに対して先進国は、開発努力としての知的所有権を優先すべきだと主張した。こうして生物多様性条約の成立の課程で、経済の論理が浮上し、それを主張する声がドンドン大きくなっていったのである。

先進国が主張した知的所有権優先の考え方は、一九九五年一月のＷＴＯ（世界貿易機関）設立時に結ばれたＴｒｉｐｓ（知的所有権）協定（第3部第1章で詳述）という形で現実化し、その結果、生物多様性はあらたな危機を迎えることになった。多国籍企業が開発する遺伝子組み換え（ＧＭ）作物は特許で保護され、販路を拡大しつづけ、種子独占をもたらしてきた。ＧＭ作物の栽培地の拡大とともに、生物多様性の危機は新たな局面を迎えたのである。

本来、ＧＭ作物から生物多様性を守るためにつくられたのが、カルタヘナ議定書である。この議定書に対して、先進国はなるべく規制を弱めようとし、換骨奪胎を図ってきた。それに対して、途上国などは強い規制を求めて対立した。先進国としては、規制が厳しくなると、多国籍企業の活動に影響が出て、先進国の利益が守られないからである。ボンで開かれた会議（ＭＯＰ４）でも、そのことが顕在化した。その時の悪役の役割を果たしたのが、次回の生物多様性条約締約国会議の開催地、日本だった。米国や多国籍企業の代弁者として、前面に出て合意を妨げたのである。

日本政府の強引なやり方は、国際社会から非難を受け、孤立をもたらした。次回の生物多様性条約締約国会議の開催地は、名古屋である。ＮＧＯから「次回開催国としてふさわしくない」「日本は敵対的なホスト国」というチラシがまかれただけでなく、多くの政府から、非難が集中する結果となった。

第2章　生物多様性条約の争点

先進国と途上国の利害が対立

生物多様性条約は、自然保護を目的としている。これまでにもさまざまな自然保護の条約が作られ、成立・発効してきた。湿地保護を目的としたラムサール条約、希少な自然や文化を後々の世代にまで受け継がせていくための世界遺産条約、野生生物の保護を求めたワシントン条約、二国間渡り鳥条約、移動性動物の保護を目的にしたボン条約などである。しかし、自然全体を保護する条約はなかった。そのために作られたのが生物多様性条約である。

しかし、この条約の内容をめぐって、先進国と途上国の間で激しい対立が起きたことは、最初に述べた通りである。最初は、自然保護を目的として作られることになっていた。しかし、先進国から熱帯雨林保護など、一方的に自然保護を求められた途上国の間で不満が爆発した。自然はまた資源であることから、経済の論理が登場したのである。すなわち遺伝資源国としての途上国が、資源の保護と持続可能な利用、そして先進国利益の還元を求めたのである。

それに対して、先進国が反撃を加えた。もともと先進国は、遺伝資源を利用して製品を開発し、それを特許にして利益を得てきた。その開発努力の権利を主張したのである。条約では途上国の意見が取り入れられ、先進国の利益還元の方法の確立が求められた。しかし、先進国の反対で、いまだに方法は確立していない。この対立は未だにつづいており、ABS（遺伝資源から生じる利益の配分）問題として議論が継続している。このABS問題は、二〇一〇年に名古屋で開かれる会議で、「責任と修復」（次章で詳述）と並び最大の争点のひとつになっている。

一九九二年のリオ・サミットは、地球環境を守ろうという、世界の市民の声が強く反映されたものになった。特に画期的だったのは、このサミットで採択された「環境および開発に関するリオ宣言」と「アジェンダ21」だった。

「リオ宣言」は前文と二七の原則から成り立っているが、その第一五原則が「予防原則」(Precautionary Approach）である。予防原則が入ることによって、疑わしい段階で事前に防止しないと自然は守ることができないことが示された。予防原則に対抗する言葉が「科学主義」である。科学という言葉からは、何かよいものではないかという印象を与えるが、実は「科学的にはっきりするまで何も対策を立てない」口実になってきた。環境問題や食の安全といった問題では、科学的に証明されたときには手遅れになることがほとんどで、そのため疑わしい段階での対策が必要であることから、この予防原則が登場した。環境保護では、必須の原則だといえる。

「アジェンダ21」は、五〇〇ページにおよぶ行動計画（四〇の計画分野）で、その一五番目の計画に生物多様性の保全が、第一六番目にバイオテクノロジーの環境上健全な管理が入れられた。

このアジェンダ21は、生物多様性条約をまとめる過程と並行して議論が進められ、条約と同様に、議論の過程で「経済の論理」が加えられた。その結果、本来「1、生物多様性の保全」だけが盛り込まれるはずだったのが、「2、持続可能な利用」と「3、遺伝資源から得られる利益の公正・公平な配分」が加わった。

先進国の利益や知的所有権保護を強く打ち出したのが米国で、結局同国は、気候変動枠組み条約を締結しなかったばかりか、生物多様性条約も締結しなかった。締結しないばかりか、「国連は途上国に乗っ取られた」として国連中心主義を批判し、WTO（世界貿易機関）体制へシフトを変更してきた。WTOは先進国主導で貿易の自由化と活性化を目的とした国際組織である。そのWTOが行き詰まると、今度はFTA（二カ国あるいは数カ国間での自由貿易協定）にシフトを変更して、自国の利益優先を貫いてきた。日本は、一貫してその米国の立場へのよき理解者として振る舞ってきた。

知的所有権保護を強化したいとする先進国の主張は、WTO設立時に結ばれたTRIPs協定という形で実現し、その結果、生物多様性はあらたな危機を迎えることになった。それまで特許としては認められなかった「生命」や「遺伝子」までもが特許になり、特許をとった遺伝子が入った生命体までもが特許として認められるようになったからである。すなわち「遺伝子組み換え（ＧＭ）作物」など改造生命体が特許になったのである。

多国籍企業が開発するＧＭ作物は特許で保護され、販路を拡大しつづけ、種子独占をもたらした。ＧＭ作物の栽培地の拡大とともに、生物多様性の危機は熱帯雨林などの自然から、農地やその周辺に拡大したのである。

ＡＢＳ問題とは？　その争点とは？

ＣＯＰ10での大きな争点のひとつが、ＡＢＳ（Access and Benefit-Sharing）問題である。「遺伝資源から生じる利益の配分」あるいは「遺伝資源から生じる利益の公正かつ公平な配分」である。といっても分かりにくいかもしれない。この問題の歴史からひもといてみたいと思う。

まずは遺伝資源とは何か、なぜそれが重要な意味を持っているのだろうか。遺伝資源は、遺伝子資源、生物資源、自然資源などともいわれることがあるが、それぞれの言葉で少しずつ範囲が異なっている。生物が持つ遺伝的要素を資源として活用して、農作物の品種の改良、医薬品や工業製品の開発を行っている。その際に用いられる生物のことをいう。例えば病気に強いイネや寒さに強い野菜などを探し出し利用してきた。

生物資源研究所にある種子バンク、国内外で収集されたコメなどの種子が多く保存されている

最初に遺伝資源に注目して、世界中から植物を集めた人物の一人に、旧ソヴィエト連邦共和国のバビロフがいた。彼は、ロシア革命後の一九二〇年代に、当時最大の課題だった飢餓からの解放を目的に、高い生産性を持った農作物の開発に取り組んだ。その理論的基礎は、ダーウィンの進化論にあった。

一九二一年に彼はソヴィエト応用植物学局の局長になった。同局は一九二四年には全ソヴィエト応用植物学・新作物研究所に、一九二九年には全ソヴィエト植物栽培研究所になるのであるが、彼はその所長となる。一九二九年には全ソヴィエト農業アカデミーが設立され、彼はその総裁に選出されている。

高い生産性をもたらす農作物開発のため、遺伝資源探索隊が組織され、バビロフが先頭に立って世界中に出かけ、多様な植物を収集した。その種子を用いて、収量が多かったり、病気に強かったりする品種など、新品種の開発が進められた。しかし、バビロフはスターリンによって粛正され、一九四三年に不遇の死を遂げている。バビロフが出かけ、資源を収集した国は六〇カ国に及んだ。

ソヴィエトと並んで、遺伝資源収集に熱心だったのが米国で、ニューヨーク植物園には約三〇〇万の標本が保存されている。日本でも同時期、木原均らによって、遺伝資源探索隊が組織され、海外に出かけている。これらの探索の成果が、その後、ダーウィンの優性の法則を利用したＦ１種子となって、世界中の種子市場を席巻するとともに、アグリビジネスによる種子支配をもたらすのである。また、さまざまな医薬品となって人々を救うと同時に、企業に大きな利益をもたらしてきた。

その後、日本では、独立行政法人・農業生物資源研究所が種子バンクをつくり、主にイネの種子を収集・保存してきた。

フィリピンにある、米国の財団がつくったＩＲＲＩ（国際稲研究所）も世界中からイネの種子を収集してきた。そのＩＲＲＩが所有する稲の種子の一部を米国農務省が保管するようになったり、二〇〇八年にはノルウェーのスヴァルバル諸島の永久凍土層に世界最大級の種子銀行ができるなど、種子の保存はさらに重い価値をもたらしつつある。

起点はバイオ・パイラシー（生物学的海賊行為）

種子保存の価値を高めたものこそ、一九八〇年代のバイオテクノロジーの登場だった。今度は遺伝子組み換え作物を開発するために、遺伝子探しが始まった。作物への応用だけでなく、医薬品や健康食品の元となる遺伝子探しも競争になった。現在、遺伝子組み換え作物を開発しているアグリビジネスは、農薬企業であり、医薬品開発も行っている。

新たな状況も、競争の加熱化をもたらした。それが生命や遺伝子の特許制度の開始である。遺伝資源から見つけた遺伝子や、その遺伝子を用いて開発した新品種が特許になり、独占的な利益を上げられるようになった。

そこで起きたのが、バイオパイラシー問題である。バイオパイラシーとは直訳すると「生物学的海賊行為」である。といっても分かり難いかもしれない。これはもともと先進国が、途上国の多くで書籍やレコードなどの「海賊版」が出回り、これを知的財産権の侵害だと非難してきた。それに対抗して途上国が先進国を非難するのに使った言葉である。

どういうことかというと、途上国の多くが遺伝資源の保有国（自然が豊かで、生物も豊富に残っているため）であるが、その資源国から先進国は勝手にその資源を持ち出し、特許にして莫大な利益を上げてきた。またその開発した商品を、元々の資源国である途上国にも売り込んできた。これをバイオパイラシー、すなわち生物学的な海賊行為という。例えば、米国のバイテク企業のイーライリリー社が、マダガスカルの熱帯雨林に生育するニチニチソウから糖尿病治療のための医薬品を開発して巨額の利益を得たのである。しかし、その利益に関して一銭たりともマダガスカルに還元することはなかった。これらの問題については、以前『生命特許は許されるか』（緑風出版）で述べているので、それを見てほしい。また、ヴァンダナ・シバ著『バイオパイラシー』（緑風出版）が多数の事例を詳しく述べているので、これもぜひ読んで欲しい。

バイオパイラシーは人間にも及ぶ。南大西洋にある火山群島の英領トリスタン・ダ・クーニャは、絶海の孤島である。そこに住む人たちは、最初の移住者以外ほとんどなく、そのため近親結婚が繰り返され、遺伝的に均一化してきた。こういう島は、遺伝子を研究する人たちには垂涎の的である。中でも注目されたのが、喘息の遺伝子である。島に住む人の約半数が喘息だった。

この島にカナダの研究者がやってきて「喘息の治療に役立つから」といって血液を採取していった。ところが、その研究者に資金を提供していたのが米国のベンチャー企業だった。その企業は研究者が見つけた喘息の遺伝を特許にして、診断や医薬品開発に結びつけていった。しかし、そこで得た利益は一銭たりとも島の住民に還元されず、治療にも役立てられることはなかった。バイオパイラシーの根底には、生命や遺伝子をかってに持ち去り特許にしたこと、そこから利益を得ている企業があるということがあげられる。

このような問題は、先進国と途上国の間で起きているだけではない。ある研究者が難病の子どもを持つ親の会に相談をもちかけた。子どもたちの血液を提供してほしい、そこから病気の遺伝子を見つけたいから、というのである。もし遺伝子を見つけることができれば、出生前診断が可能になり「不幸な子ども」が誕生しなくてすむ、というのである。

親たちは「人類の未来」のためと思い、協力した。集められた血液で難病の遺伝子が見つかり、その研究者はその遺伝子を特許にした。その遺伝子を用いて、ある病院で診断を行ったところ、その研究者から高額の特許料が請求された。そのため、病院は診断を断念せざるを得なかった。子どもたちの血液は結局、特定の研究者の利益にはなっても、人々の役に立つことはなかった。これらの問題はＮＨＫスペシャル『人体特許』で紹介された。バイオパイラシーは普遍的に存在する問題なのである。

血液はいま、医療機関や研究者だけでなく、製薬メーカーなど産業界からも情報の宝庫として注目されている。中でも、注目度が高いのが、遺伝子情報である。いま、さまざまなところで血液を用いて遺伝子の解析が行われている。遺伝子が原因で起きる病気の数は、八五八七（マックジック『ヒトのメンデル遺伝形質』第12版（一九九八年））に達している。もし遺伝子が見つかると、病気の診断ができ、医薬品開発につながる。病気の遺伝子を探す競争が世界中で繰り広げられている。そのためには膨大な数の血液が必要なため、血液の奪い合いが起きている。各国で、予算をつけるなど積極的に支援しており、日本でも三〇万もの人から遺伝子情報を集める三〇万人遺伝子バンク計画などが進められてきた。三〇万人から血液を集めるといっても、ただ単に集めればよいというものではない。高血圧やがん、アレルギーなど特定の病気の集団ごとに集める必要がある。現在もっとも収集されている血液が、生活習慣病の人たちのものである。

そのためには家族、病歴、生活歴、生育歴などが分かる、生の試料でなければいけない。事細かな個人情報が一体となって存在している血液が必要で、そういう血液を収集しようという計画が広がっている。

三〇万人遺伝子バンク計画では、多数の人から血液を採取して遺伝子探しが行われ、研究者は、遺伝子が見つかればそれを特許化することになる。この場合、血液を採取する際に患者との間で「インフォームド・コンセント」が取り交わされることになっている。その文書の中に、血液の無償提供と並んで、もし特許を取得した際も経済的利益は放棄する、という項目が入っている。すなわち患者は血液提供だけが求められているのである。これもバイオパイラシーである。

集団検診での血液が無断で流用されるという事件も起きている。二〇〇〇年のことである、大阪府吹田市にある国立循環器病センターが行った、吹田市民の集団検診で採血した血液が、検査を受けた本人に無断で遺伝子検査に使われていることが分かった。

この病院は脳卒中や心臓病、高血圧症などの循環器病を対象につくられ、循環器病を対象に吹田市民の集団検診を行ってきた。その検診で集められた五〇一四人分の血液が、直接検診とは関係ない一三種類の病気の遺伝子検査に使われ、研究者の研究素材にされていたのである。

現在、ABS問題から人間の遺伝子は扱わないとして、はずされた。これはあらゆる生物を対象としている、生物多様性条約の精神に反することであるが、各国の利害が絡む議論の中では、このように例外を設定するケースが多くなる。

人間に続いて食料農業分野もはずされた。生物多様性条約が発効し、「各国は自国の遺伝資源に関して主権的権利を有する」ということになったことから、食糧農業分野が注目された。そこでFAO（国連食糧農業機関）は、食料農業植物遺伝資源に関する条約（ITPGR）を採択し、二〇〇四年六月二九日に同条約は発効した。この条約は最初に「本条約の目的は、持続可能な農業及び食料安全保障のための、生物多様性条約と調和した、食料農業植物遺伝資源の保全及び持続可能な利用並びにその利用から生じる利益の公正かつ公平な分配である」と述べているように、ABS問題の農業食料に関わる側面を扱っている。

日本政府は、生物多様性条約でのABS問題で、この食料農業植物遺伝資源に関する条約が対象としている分野を対象外としてしまった。すなわち食料農業分野を「公正かつ公平な分配」をしなくてもよいものにしてしまった。しかも日本は、この条約は締結していない。どんどん限定していくことで、規制を免れようとする姿勢がありありと見える。このような限定は、後で述べるカルタヘナ議定書でも起きている。

バイオパイラシー問題でもう一つ大きなテーマだとして、途上国が取り上げたのが、伝統的知識だった。有名なのが、インドのニーム樹（インドセンダン）である。インド全土に自生するこの常緑樹は、様々な民間療法に用いられてきた。古代サンスクリット書では、この樹木は「すべての病を治す樹木」といわれていた。その人々の知恵や伝統的知識、ノウハウといったものが、このニーム樹の持つ価値を高めていた（『ニームとは何か』緑風出版参照）。

そこに目を付けたのが多国籍企業である。米国のW・R・グレースが、この樹木に含まれるアザジラクチンで特許を取得したのである。それによって、その成分を持った物質が世界中に売り込まれる可能性が出た上に、それがインドにも売り込まれる可能性がでたことから、インド農民の大規模な反対運動が起きたのである。

このような先進国による略奪行為であるバイオパイラシーが、ＡＢＳ問題の出発点である。

ガイドラインか、法規制か

途上国の強い主張によって、生物多様性条約の中に遺伝資源国の権利が入れられ、先進国が得た利益の還元が求められた。このことが米国の同条約からの離脱をもたらし、先進国と途上国の対立をもたらすなど、最初から波乱を呼ぶ要因となったのである。しかもその対立は、どのように配分するかなど、その方法などをめぐって、今日まで続くことになる。

詳しく見ていこう。生物多様性条約は第一五条で、遺伝資源に関して、①資源保有国の主権的権利がうたわれ、②その資源を得る場合には相手国の事前の同意を得ることと、③その資源の利用から生じる利益の公平かつ公正な配分が求められている。

しかし、どのように公正かつ公平に配分するか、一九九八年にスロバキアのブラティスラバで開かれた同条約締約国会議（COP4）で、COP6までにガイドラインを作成することが決まっただけだった。

しかし、ガイドラインでは拘束力がないとする途上国がもっと強い拘束力を求めたことから、二〇〇〇年にケニアのナイロビで開かれたCOP5で、ABS作業部会の設置が決議された。二〇〇二年にドイツ・ボンで開かれたCOP6で、予定通り「ボン・ガイドライン」が採択された。これによって遺伝資源のかってな持ち出しは認められず、そこから得られた利益の公正で公平な分配が求められるようになった。

このガイドラインに基づいて、各国政府間、当事者間の任意の合意に基づき、相手国の合意を得たり利益配分を決めることになっている。現在、各国はこのガイドラインに基づいて、遺伝資源から得られる利益の配分を決めている。

日本政府は、ボン・ガイドラインに基づき遺伝資源国と二国間協議を推進し、これまで六カ国と任意での合意文書を作成してきた。しかし日本でのこの協議は経済産業省の事業という位置づけであり、バイオテクノロジーを推進しているバイオインダストリー協会が窓口になっている。どう見ても公正で公平な配分となる仕組みになっていない。

　ガイドラインはあくまでも倫理的な歯止めであり、違反したからといって制裁はない。そのため先進国が有利であり、途上国は、このような法的拘束力を伴わない利益配分の仕組みでは、先進国や多国籍企業の言いなりになってしまうと主張してきた。それに対して日本など先進国は、ボン・ガイドラインで十分だとして論争が続いてきた。

　二〇〇六年にブラジルのクリチバで開催されたCOP8で、名古屋で開催されるCOP10までに作業部会を完了させて一定の結論を得ることになっているものの、その目途は立っていない。ガイドラインのままではバイオパイラシーが合法化して、先進国や多国籍企業が大手を振って略奪行為を行うことができる状況になりかねない。また、今日の特許制度は、米国の制度が世界の制度として定着したため、概念特許のような考え方や方法までもが特許として認められるようになったことから、先住民などの伝統的な知識までもが特許にされる懸念が強い。

　二〇〇八年、ボンで開催されたCOP9では、締約国会議が開かれている会場に向かった行進に多数の先住民が参加し、歌ったり踊ったりする一方で、生命特許に反対して文書を焼くなどのデモンストレーションも行われた。

第３章　カルタヘナ議定書とその争点

カルタヘナ議定書とは？

一九九二年のリオ・サミットで締結された二つの条約を具体化し、成果のあるものとするために、気候変動枠組み条約では京都議定書（一九九七年）が、生物多様性条約ではカルタヘナ議定書（二〇〇〇年）が締結された。次にそのカルタヘナ議定書について見てみる。

生物多様性条約は、第一九条でバイオセーフティ議定書を作ることを求めた。このバイオセーフティ議定書が、後のカルタヘナ議定書である。このように議定書は「京都」「モントリオール」といった都市名で呼ばれる。カルタヘナはコロンビアの都市の名前である。

この議定書は、一九九五年一一月に開かれた第二回生物多様性条約締約国会議で、策定が決定した。一九九九年二月にコロンビア・カルタヘナで開かれた特別締約国会議で、いったん採択が延期されたが、二〇〇〇年一月二九日にカナダ・モントリオールで開かれた、特別締約国会議で採択された。その後、二〇〇二年八月に南アフリカ・ヨハネスブルク（リオ＋10）サミットで成立し、二〇〇三年六月一三日発効した。日本政府は、この議定書に対する対応に躊躇し、取り組みが遅れ、二〇〇三年一一月二一日にやっと締結し、二〇〇四年二月一九日に発効した。現在、一四七カ国＋ＥＵが締結し（二〇〇八年九月現在）、米国は生物多様性条約同様、締結していない。

このカルタヘナ議定書のポイントは、まず前文で予防原則を求めていることにある。中心的なテーマは、遺伝子組み換え（ＧＭ）生物などＬＭＯ（遺伝子組み換え生物＋細胞融合生物）の国際間移動の規制である。一般的には、ＧＭＯ（遺伝子組み換え生物）という概念が身近であるが、ＬＭＯとは、そのＧＭＯに細胞融合で改造された生命体を加えたものである。細胞融合とは、二つの異なった生物の細胞を融合し、その雑種をつくる技術である。例えばトマトとジャガイモの細胞を融合してつくり出した「ポマト」が有名である。しかし、同じバイオテクノロジーを用いて改造した生物の「体細胞クローン動物」は対象外とされた。そのため、生物多様性とは対極にある「クローン動物」が規制の対象外になっている。実におかしな話である。その結果、日本では「体細胞クローン動物」を規制する法律がない。

それに加えて、同議定書は、第八条で、輸出国に情報の正確さを確保するための法制定を求めている。この条項に規定されて、日本でも「カルタヘナ国内法（担保法）」が制定され、二〇〇四年二月から施行された。この国内法づくりで日本政府は、ＧＭ技術推進の立場から、規制力の乏しい内容にした。わざわざ議定書を狭く解釈したのである。生物多様性条約では、生物とはあらゆる生物を指している。ところが、ＧＭ作物が及ぼす直接的な影響について、事実上、農作物や昆虫や鳥、野生動物などを排除してしまい、結局、近縁の雑草への影響だけの評価で承認するという、貧弱な保護政策しか打ち出せないものにしたのである。

同議定書はまた、第九条で、輸入国に国内規制を求めているが、これは法律でなくてもよいとされている。日本は、このことを「カルタヘナ国内法」に含めた。また第二七条で、損害発生への責任と修復の方法を四年以内に確立するよう求めている。この「責任と修復」の中身や方法をめぐって、主に先進国と途上国の間で対立が起きており、ボン（ＭＯＰ４）で日本政府が米国や多国籍企業の意向を受けて、問題ある対応をとり、結論が先送りされてしまったことはすでに述べた。そのためこの「責任と修復」の中身や方法の決定が、名古屋で開催されるＭＯＰ５の最大の課題になっている。

責任と修復（救済）とは？

政府間の締約国会議（ＭＯＰ４）では、遺伝子組み換え（ＧＭ）作物など改造生物が引き起こす環境への影響や経済的な損失に対する「責任と修復（救済）」の問題が、最大の焦点になって議論された。これはカルタヘナ議定書第二七条に基づくものである。同条文には、次のように書かれている（日本政府訳）。

「第二七条　責任と救済　この議定書の締約国の会合としての役割を果たす締約国会議は、その第一回会合において、改変された生物の国境を越える移動から生じる損害についての責任及び救済の分野における国際的な規則及び手続を適宜作成することに関する方法を、これらの事項につき国際法の分野において進められている作業を分析し及び十分に考慮しつつ採択し、並びにそのような方法に基づく作業を四年以内に完了するよう努める。」

「救済」という文字が用いられているが、これは「修復」とした方がより正確であり、救済では経済的側面が前面に出て、生態系の維持・回復という本来の目的をつたえていない、というのが、日本消費者連盟・真下俊樹さんの指摘である。実にまどろっこしい文章であるが、要するに、損害が生じた場合の責任の在り方と、修復や賠償の方法を明示しろ、それも四年以内に行いなさいというものだった。

これまでにもGM作物が絡んだ多くの事故や汚染事件が起き、早急な対応が求められていた。それに対してバイテク企業や米国政府は、責任を最小限にとどめ、企業に責任があまり及ばないように働きかけを行ってきた。主に食料輸出国がこの考え方をとっている。しかし企業には提案権がなく、米国は条約に加盟していない。逆に、厳しく責任を問い、賠償や修復の方法を明確にすべきだというのが、途上国など食料輸入国やEUなどの立場である。

会議で日本政府が変な動きを見せていた。食料輸入国であるにもかかわらず、バイテク企

Bonn (Germany) May 15th 2008

Statement on the leadership of the Biosafety Family

JAPAN: THE HOSTILE HOST OF THE COP-MOP

The host of the COP-MOP is the host of the Biosafety family. The host of the COP-MOP is the leader in the processes of the COP-MOP, and is formally elected during the COP-MOP. The host of the COP-MOP is also the leader of the family after a COP-MOP takes place, as it must work together with the next host in order to secure that the Biosafety family moves towards the best interests of all its members. Japan has offered to be the host of the next Meeting of the Parties in 2010 in the city of Nagoya. However, after 3 days of this COP-MOP and 4 days of Friends of the Chair in Bonn, Japan has totally failed to prove that is fit for the job, and there is nothing that indicates that this can be changed in Bonn.

ボンでまかれたチラシに「日本は敵対的なホスト国である」と書かれている

業や米国政府の代わりに動いているという情報が入ってきた。最後に、ほとんどの加盟国が賛成して、この「責任と修復」問題に決着がつく寸前まで行った。しかし、そこで日本政府が強く反対して合意を妨げてしまった。これには市民会議参加者だけでなく、各国政府の代表の間でも非難と失望の声が相次いだ。そして「日本は敵対的なホスト国である」「名古屋以外のどこでもよい」といったチラシがまかれたのである。

　しかも、この「責任と修復」問題のこじれが、もう一つの大きな争点である「ＡＢＳ」問題にも波及して、結局、ボンではこの二つの主要テーマが行き詰まったまま、終了したのである。日本政府のこの強引なやり方が、国際社会から非難を受け、孤立をもたらしたのである。

なぜカルタヘナ議定書が大事なのか？

米国・カナダ・オーストラリアなどの先進国は、遺伝子組み換え（ＧＭ）作物を開発したり売り込んできた。そのため、なるべく規制を弱めようと働きかけてきた。それが途上国との間で強い軋轢を生じさせた。

ＧＭ作物などは、生命体の内部を改造して開発される。これまでは環境汚染や道路開発などが生物種を外から破壊してきたが、この新たな技術は生命体を内部から破壊し、種の存続を危なくする。また、ＧＭ作物は、その土地にあった種子を駆逐し、その土地にあった農業を破壊し、農業の多様性を奪う可能性が強い。その結果、自然の多様性が奪われ、生態系は危険な状態にさらされる可能性も強まる。その結果、消費者は食の多様性を失い、安全性を奪われることになる。

いま世界の大豆の種子の約七〇％が、一社が提供するＧＭ種子になってしまった。米国モンサント社の除草剤耐性大豆、一品種である。在来の種子が駆逐され、各地で行われていた多様な大豆の栽培が破壊され、多くの国がこの一つのＧＭ大豆の輸入に依存するようになった。これはたいへん恐いことである。というのは、多様性を失っているため、病気などで壊滅的打撃を受ける可能性があるからである。また、地域で生きてきた人々が、伝統的な農業ができなくなり、高い金を出してＧＭ大豆の種子を買わなければならなくなる。

モンサント社が実際にどのような種子支配の戦略をとっているのかというと、各国の種子企業を次々と買収して、種子の販路を押さえ、ベンチャー企業を買収して特許を押さえるというものである。現在、ＧＭ作物開発に係わる基本特許のほとんどを、同社が保有している。

いま世界の農業の大半が、企業が提供する種子に依存する仕組みに変わってきた。その種子企業を押さえることで、とくに北米・南米の国々はモンサント社のＧＭ作物を栽培することでしか存立できないようになっている。同社はいま、アジア・アフリカをターゲットに、市場拡大を狙っている。しかも、モンサント社の種子から育った作物から自家採種を行い、翌年撒く種子を自分で確保しようとすると、特許権侵害でモンサント社から訴えられることになる。

モンサント社は私設の警察機構を持っている。このモンサント・ポリスが、自家採種をしていないか調べて回り、もしＧＭ作物が栽培されていると特許権侵害で訴えてくる。農家は、いつ訴えられるか、戦々恐々と暮らしている。米国・カナダでは、同社による訴訟が多数起きている。ＧＭ作物が増えれば、この状況が世界中に広がることになる。

カルタヘナ議定書は、本来の精神に基づいて機能すれば、このような多国籍企業の活動を封じ、生物多様性を守ることができる。ところが、米国政府や多国籍企業、それらを代弁する日本政府などが、それを妨げてきた。

二〇一〇年名古屋での争点とは?

まとめてみよう。二〇一〇年に「生物多様性条約締約国会議・カルタヘナ議定書締約国会議」が名古屋で開かれる。二〇〇八年のボンでは、日本政府が、米国や多国籍企業の代弁者として振る舞い、途上国を中心に各国政府代表やNGOから強く批判された。

名古屋で開催されるCOP10・MOP5での焦点は三つある。ひとつがABSと呼ばれる生物資源をめぐる先進国利益還元の仕組みの確立である。もうひとつが、GM作物などが多様性を破壊した際の責任と修復の方法などの確立である。そしてもうひとつが、二〇一〇年目標の確認と、新たな目標の設定である。

このうち前二者が激しい論争を呼んでいる。いずれも多国籍企業や米国政府など主に先進国が、実効性あるものを作らせないようにしてきたからである。そのよき理解者であり、代弁者として振る舞ってきたのが日本政府である。

日本政府は二〇〇七年に、第三次生物多様性国家戦略を策定した。第一次(一九九五年)、第二次(二〇〇二年)を改定したものである。これは生物多様性条約の第六条で、戦略・計画の策定を各国政府に求めているためである。日本の国家戦略では、遺伝子組み換え技術推進が謳われている。市民運動の力によって生物多様性基本法が制定されたが、遺伝子組み換え技術を入れると基本法自体を成立させまいとする政府の意向があったため、この基本法からは遺伝子組み換え生物は排除された。このように日本政府の立場は、生物多様性を守るとはとてもいえないものである。生物多様性条約・カルタヘナ議定書の本来の精神に基づき、ＧＭ作物・生物の規制が世界規模で実現させることが肝要である。

名古屋では、一〇月一一日から二九日まで、会議が開かれる。最初の一週間の一一日から一五日までカルタヘナ議定書締約国会議（ＭＯＰ５）が開催され、後半二週間の一八日から二九日まで生物多様性条約締約国会議（ＣＯＰ10）が開催される。

プラネット・ダイバーシティ（地球の多様性を守る国際会議）が開かれたボンは、国際会議の期間はホテル代が高騰するため、私はケルンから通った。ケルンとボンの間は、トラムを利用して通り過ぎる田園風景を堪能し、ゆったりとした時間を過ごした。会場とホテルを往復するたびに、ハインリッヒ・ハイネの「ドイツ冬物語」を思い出していた。「ケルンに夜遅くついた。その時、僕はラインの流れる音を聞いた。その時、ドイツの風が僕に向かって吹いた。その時その風の力を感じた」。

春のドイツでは、日本政府に対して強い逆風が吹いていた。名古屋ではいったい、どのような風が吹くのだろうか。

◉遺伝子組み換え作物と生物多様性条約関連の年表

一九七二年	国連人間環境会議（ストックホルム）開かれる、水俣病が衝撃をもたらす
一九七三年	コーエン、ボイヤーらが遺伝子組み換え技術を完成（発表一一月）
一九七四年	バーグ声明が出され、遺伝子組み換え実験モラトリアム
一九七五年	二月、アシロマ会議が開かれ、規制の方向が出される（物理的封じ込め、生物学的封じ込め）
一九七六年	六月、米ＮＩＨ（国立衛生研究所）遺伝子組み換え実験指針作成
一九七七年	六月、米マサチューセッツ州ファルマス会議から科学者の反撃始まる（遺伝子組み換え実験は安全性に問題ないと主張） 六月、ファルマス会議の翌日、米政府諮問委員会が実験指針の大幅緩和を提案
一九七九年	日本で実験指針作られ、ただちに大幅緩和が打ち出される
一九八二年	国連人間環境会議（ナイロビ）開催、地球環境問題が浮上
一九八三年	ＯＥＣＤ科学技術政策委員会がバイオテクノロジー安全性専門委員会（ＧＮＥ）を創設
一九八八年	ＧＮＥ「組み換えＤＮＡの安全性に関する考察」（従来の品種の改良の延長）
一九九〇年	ＥＣ（ヨーロッパ共同体）閣僚理事会がＧＭＯ野外実験についてＥＣ指令（実効力のある規制を求める（日本でも環境庁が検討したが潰される））

一九九一年	厚生省「組換えＤＮＡ技術応用食品・食品添加物の製造指針」と「同安全性評価指針」つくる（直接食べる食品は含まれず）
一九九二年	環境と開発に関する国連会議（リオ・サミット）で生物多様性条約署名・成立 ＧＮＥ「ＧＭ食品の安全性に関する考察」をまとめる（「実質的同等性」）
一九九三年	一二月二九日、生物多様性条約発効
一九九五年	一月、ＷＴＯ（世界貿易機関）体制始まる 米国で日持ちトマト販売（最初のＧＭ食品） 第二回生物多様性条約締約国会議で「バイオセーフティー議定書」策定決定 日本政府が第一次生物多様性国家戦略を策定
一九九六年	厚生省が食品の九一年指針を改正し、組み換え体そのものを食べる食品を加える 遺伝子組み換え作物の本格的な栽培が米国、カナダで始まる 九月、厚労省が遺伝子組み換え食品の輸入認める（同年内に国内流通始まる） 日本でＧＭ食品反対運動広がる（一〇月〜）
一九九七年	日本で一〇〇〇を超える自治体が表示を求める決議
二〇〇〇年	一月、生物多様性条約・カルタヘナ議定書採択される 三月、コーデックス委員会バイオテクノロジー応用食品特別部会が始まる 未承認有害ＧＭコーン「スターリンク」流通事件起きる
二〇〇一年	ＧＭ食品の表示制度始まる（農水省ＪＡＳ法、大豆・コーン加工食品四月） ＧＭ食品の安全審査が指針から法律に（食品衛生法、四月） 一一月、メキシコのトウモロコシ原生種の汚染判明

二〇〇二年	世界環境サミット「リオ＋10」（ヨハネスブルク）で、九二年のその後の検証
	一二月、日本の市民運動がモンサント社・愛知県のGM稲開発止める
二〇〇三年	六月、カルタヘナ議定書発効（日本は二〇〇三年一一月二一日締結）
	七月、GM食品の安全審査、厚労省から食品安全委員会へ移行
	七月、コーデックス委員会総会でGM食品（植物）安全審査の国際基準確定
	一一月、GMOフリー欧州自治体連合発足
二〇〇四年	二月、日本でカルタヘナ議定書国内法施行
	二月、農水省「GM作物栽培実験指針」つくる
二〇〇五年	一月、日本でもGMOフリーゾーン運動始まる
	三月、北海道「GM作物栽培規制条例」公布（二〇〇六年一月施行）
二〇〇六年	GMナタネ自生全国調査始まる
	北海道が三年計画で交雑試験始める
	五月、新潟県「GM作物栽培規制条例」施行
	九月、今治市「食と農の町づくり条例」施行
二〇〇七年	バイオ燃料ブームに便乗してGM作物栽培面積拡大する
	七月、コーデックス委員会総会でGM動物食品の安全審査の国際基準確定
二〇〇八年	一月、米国政府がクローン家畜食品を安全と評価、流通を認める
	五月、ドイツ・ボンでCOP9MOP4に対抗「プラネット・ダイバーシティ」開催
二〇〇九年	六月、食品安全委員会がクローン家畜食品を安全と評価

第２部　遺伝子組み換え生物と生物多様性

第1章　遺伝子組み換え作物はどのように生物多様性を破壊するか

遺伝子組み換え作物の現状

遺伝子組み換え（ＧＭ）作物は、実際にどのように生態系を破壊し、生物多様性を奪ってきたのだろうか。具体的に見ていくことにしよう。

現在作付けされているＧＭ作物は、主に大豆、トウモロコシ、綿、ナタネの四作物である。遺伝子組み換え作物の開発が始まって三〇年近くがたち、栽培が始まって十数年経過しているが、作物の種類は少ない。また、導入した遺伝子がもたらしている性質は、作物自体に殺虫毒素を作らせるようにした殺虫性作物と、植物をすべて枯らす農薬にも枯れないようにした除草剤耐性作物の二種類である。現在はこの二つの性質を組み合わせたものが増えているものの、この二種類しか出ていない。これらの観点から考えると、ＧＭ作物は成功しているとはいえない。にもかかわらず、栽培面積は増えてきた。

二〇〇九年二月一三日、ＧＭ作物推進団体ＩＳＡＡＡ（国際アグリバイオ事業団）によって、二〇〇八年のＧＭ作物栽培面積が発表された。それによると、前年世界でＧＭ作物は一億二五〇〇万ヘクタール栽培され、一九九六年の栽培開始以来、右肩上がりで増え続けたとしている。この広さは、日本の国土の約三・五倍である。しかし、この拡大基調も、農家にとってメリットが失われるなどの影響で、限界に達してきたようだ。

もう少し詳しく見ていくことにしよう。作物としては大豆とトウモロコシ、綿、ナタネの四作物だと述べた。よく見ると大豆とトウモロコシの作付けは広がったが、綿の増加が頭打ちとなった。これは米国での減少が影響しているようだ。またナタネもオーストラリアで栽培が始まったにもかかわらず、微増にとどまった。また、今後は綿と同様、米国で大豆とトウモロコシの作付け割合が減少に転じる可能性が強まり、右肩上がりというわけにはいきそうもない。そのためモンサント社は、栽培国が少ないアフリカなどへの売り込みを強化している。

性質別では、殺虫性が減少しているものの、除草剤耐性と殺虫性を組み合わせたものが増加した。この二つの性質は、すでに限界に達しており、モンサント社は、第三の戦略作物である、干ばつ耐性作物を米国・カナダで申請しており、まもなく登場しそうである。

二〇〇八年、ＧＭ作物の栽培にかかわった農家の数は一三三〇万で、その大半が小規模農家であり、しかもそのほとんどが中国とインドの農民である。インドが世界第四位の栽培面積となり、ＧＭ綿が全インドの綿の八二％を占めたと報告されている。そのインドでは、殺虫性

（Bt）綿栽培が多数の自殺者をもたらしている。その原因が、借金である。農家は、収量が増えるという宣伝に乗って、Bt綿の種子を購入し始めた。その結果、インドでのモンサント社の現地法人マヒコ社による種子支配が進み、毎年、高価なＧＭ種子を購入せざるを得なくなり、農業がお金のかかるものになってしまった。しかも収量は増えるどころか、減少するところが多く、農家の間で借金が増加した。多額の借金を背負い自殺に追い込まれる人も増えてきて、社会問題化したのである。インドとスイスの合同研究チームが行った調査によると、有機農業とＧＭ農業との比較で、有機農業の農家の方がコストが四〇％低く押さえられ、収量も四～六％多いことが分かった。しかもＧＭ農業は収量が安定しないのに対して、有機農業は収量が平均化していることも分かった（Times of India 2006/9/30）。

今回の報告で、初めて栽培国入りしたのが、アフリカのエジプトとブルキナファソ、そして南米のボリビアである。アフリカでの栽培国は、これまで南アフリカ一カ国だけだったが、これによって三カ国になった。エジプトは殺虫性（Bt）トウモロコシを七〇〇ヘクタール、ブルキナファソはBt綿を八五〇〇ヘクタール栽培、ボリビアは除草剤耐性（ＲＲ）大豆を六〇万ヘクタール栽培した。米国とモンサント社は、いまアフリカにターゲットを絞り売り込みを強化している。

作物としては、新たに除草剤耐性テンサイの栽培が始まったが、米国とカナダで二五・八万ヘクタール栽培されたとしている。このテンサイをめぐっては、アルファルファ同様、環境へ

ISAAA（国際アグリバイオ技術事業団）が発表した2008年のGM作物栽培データ

表1　遺伝子組み換え作物の作付け面積推移

1996年	170万ha	2003年	6770万ha
1997年	1100万ha	2004年	8100万ha
1998年	2780万ha	2005年	9000万ha
1999年	3900万ha	2006年	1億0200万ha
2000年	4300万ha	2007年	1億1430万ha
2001年	5260万ha	2008年	1億2500万ha
2002年	5870万ha		

（参考・日本の広さ3780万ha）

表2　国別作付け面積

米国	6250万ha	大豆、トウモロコシ、綿、ナタネ、カボチャ、パパイヤ、テンサイ
アルゼンチン	2100万ha	大豆、トウモロコシ、綿
ブラジル	1580万ha	大豆、トウモロコシ、綿
インド	760万ha	綿
カナダ	760万ha	ナタネ、トウモロコシ、大豆、テンサイ
中国	380万ha	綿、トマト、ポプラ、ペチュニア、パパイヤ、甘唐辛子
パラグアイ	270万ha	大豆
南アフリカ	180万ha	トウモロコシ、大豆、綿
ウルグアイ	70万ha	大豆、トウモロコシ
ボリビア	60万ha	大豆
フィリピン	40万ha	トウモロコシ
オーストラリア	20万ha	綿、ナタネ、カーネーション
メキシコ	10万ha	綿、大豆
スペイン	10万ha	トウモロコシ
その他	わずか	
計	1億2500万ha	

その他の国（わずか）
コロンビア（綿、カーネーション）、チリ（トウモロコシ、大豆、ナタネ）、フランス（トウモロコシ）、ホンジュラス（トウモロコシ）、チェコ（トウモロコシ）、ポルトガル（トウモロコシ）、ドイツ（トウモロコシ）、スロバキア（トウモロコシ）、ルーマニア（トウモロコシ）、ポーランド（トウモロコシ）、ブルキナファソ（綿）、エジプト（トウモロコシ）

表３　作物別作付け面積

大豆	6580万ha（前年5860万ha）
トウモロコシ	3730万ha（前年3520万ha）
綿	1550万ha（前年1500万ha）
ナタネ	590万ha（前年550万ha）
テンサイ	26万ha
その他	わずか
計	１億2500万ha

表４　性質別作付け面積

除草剤耐性	7900万ha（前年7220万ha）
殺虫性	1910万ha（前年2030万ha）
除草剤耐性＋殺虫性	2690万ha（前年2180万ha）
その他	わずか
計	１億2500万ha

の影響評価が不十分として裁判が起きている。除草剤耐性アルファルファは、二〇〇六年に栽培されたが、市民団体が「環境影響評価が不十分」として訴え、裁判所がそれを認め、栽培停止を命じたもの。除草剤耐性テンサイもその二の舞になりそうだ

欧州での栽培面積は減少しており、統計の中にはポーランドのような違法栽培面積も入っている。今後の動向として、この報告は、アフリカでの栽培国の増加と、バイテク大国・中国の動向に注目している。

多くの市民団体が、毎年、このＩＳＡＡ報告自体が多国籍企業による宣伝活動であり、その数字も過大に評価したものになっていると指摘しているが、今回も国際的な環境保護団体・地球の友（ＦｏＥ）が、欧州での栽培面積が実態と異なり二五％も

モンサント社の圃場で栽培試験中の殺虫性トウモロコシ

上乗せした数字である、と指摘している。それによると欧州では二〇〇五年以来減少を続け、三五％も減っており、ＥＵが承認した唯一のＧＭトウモロコシが、ＥＵの農地の〇・二一％を占めるのみであるとしている（Friend of the Earth Europe 2009/2/10）。

殺虫性作物・耐性害虫の拡大

遺伝子組み換え（ＧＭ）作物がどのように生物多様性を破壊してきたか、具体的に見ていくことにしよう。この場合、大きく六つに分けて問題点を指摘することができる。

一つは、殺虫性作物の作付けが広がるにつれて増えている、殺虫毒素で死なない耐性害虫の問題。二つ目は、除草剤耐性作物の作付けが広がるにつれて増加している、除草剤で枯れない耐性雑草の問題。三つ目は野生植物・原生種への悪影響や汚染。四つ目は、昆虫の寿命や種の崩壊への影響。五つ目は、飼料などがもたらす家畜への影響。そして六つ目が、環境への影響や食品への影響が評価されていない未承認作物の流通である。

最初に、殺虫性（Bt）作物が作りだす殺虫毒素に耐性を持つ害虫が増加していることから、殺虫剤の使用量が増加し、生物多様性に影響をもたらしている件について、具体的に見ていくことにしよう。耐性害虫は、栽培開始からまもなく現れ始めている。

たとえば、中国の環境保護省・南京環境科学研究所は、Bt綿が環境にもたらす影響を調査してきたが、主要な標的となっている害虫に耐性ができ死ななくなってきたこと、世代を経るほど耐性害虫の割合は増えつづけることを明らかにした。その他にも、害虫の天敵が減少し、アリマキなどの新しい害虫が増大しているため、農家は農薬使用を継続せざるを得なくなっている、と報告している（ガーディアン 2002/06/11）。

耐性害虫の被害が深刻なのは、もっともGM作物の栽培が広がっている米国である。同国では、標的とする蛾の幼虫の中には、夏の間は中西部でトウモロコシを食べて育ち、秋になると成虫となって南部に渡り、そこで生まれた幼虫が綿を食べる種類があることが分かった。ノースカロライナ大学のフレッド・グールドらが行った調査で、このオオタバコガの幼虫は、二つの異なる作物でBt毒素にさらされるため、耐性をもちやすいことが確認された。南部のBt綿と中西部のBtコーンである。Btコーンの割合が増えると厄介な問題になると指摘したが、その警告はまもなく現実化することになる（Nature BioNews 2002/12/12)。

ヨーロッパで唯一のＧＭ作物の広域栽培国であるスペインでも、耐性を持った昆虫が広がり、環境に有害な強い殺虫剤の使用量が増えているという報告が発表された。また、Btコーンが八五ヘクタール作付けされているナヴァラ地方で、隣接した農地に栽培されたBtコーンからの花粉汚染で、二人の有機農家の認証が取り消されるという事態も起きている。この有機認証取り消しという事態は、最初から想定されていたこととはいいえ、欧州の農家に大きな衝撃を与えた（Farmers Weekly Interactive 2003/8/27)。

ＧＭ作物の栽培を推進してきた全米トウモロコシ生産者協会ですら、耐性害虫の拡大に懸念を示している。米国では、耐性害虫の拡大を防ぐため、Btコーンを栽培する際、一定の割合で非Btコーンの栽培を義務づけている。それは、一面に殺虫性トウモロコシを栽培すると害虫が逃げ場を失い簡単に耐性化して、殺虫毒素で死ななくなるからである。しかしバイオ燃料ブームでトウモロコシの連作が増加し、連作障害で害虫が増えた。特に多かったのが、根切り虫で、その対策にさらにBtコーンを栽培する農家が増えた。このまま行くと非ＧＭコーンが少なくなり耐性害虫がさらに増加する可能性が強まっていることに懸念を表明したのである(NCGA 2007/11/13)。

研究者の間でも懸念が強まっている。アリゾナ大学の研究チームが、Bt綿を食べると死ぬはずの昆虫が、耐性を獲得して死なないものが増えたとする研究報告を発表した。それによると、二〇〇三～二〇〇六年の間に一二カ所以上で耐性をもつワタキバガの幼虫が見つかっているという（Tucson Citizen 2008/2/8）。

綿の一大生産地であるインド北部にあるパンジャブ地方で、害虫の影響で綿が大幅に減収しそうである。同地方では増収を期待してBt綿を導入し、事実栽培面積も五七万ヘクタールから六四・八万ヘクタールに増えた。しかし、コナカイガラムシが異常発生して、その期待は大きく裏切られ、多量の殺虫剤を撒くなど経済的損失は大きくなったというのである（The Financial Express 2007/9/19など）。

また、Bt綿を栽培した後に小麦を作付けすると収量が落ちるという苦情も寄せられている。Bt綿が土の栄養を奪うことと、Bt毒素が土壌の生態系に影響したからだと考えられる（Infochange 2007/9/6）。

インドで、Bt綿を栽培していると、土壌微生物や有益な酵素を大幅に減少させる、という報告が発表された。この報告をまとめたのは、科学技術エコロジー研究財団で、三年連続でBt綿を栽培した畑と従来の品種を栽培された畑を比較したところ、とくに著しい減少を示したのが、放線菌類（一七％減）、細菌類（一四・二％減）、デヒドロゲナーゼ（一〇・三％減）、酸性ホスフォターゼ（二六・六％減）、ニトロゲナーゼ（二二・六％減）などであった。同団体は、このままBt綿の栽培がつづくと、土壌微生物が死滅し、土地は耕作不能に陥ると警告を発した（Navdanya 2009/2/24）。

モンサント社の圃場で栽培試験中の除草剤耐性大豆

殺虫性作物がもたらす影響は、今後さらに深刻さを増しそうである。つぎに、除草剤耐性作物が広がったために、深刻さを増している除草剤に枯れない雑草の拡大について見てみよう。

除草剤耐性作物・耐性雑草の拡大

米国では除草剤耐性作物の栽培面積が拡大するのにともなって、除草剤のラウンドアップに抵抗性を示す雑草が増え、その結果、ラウンドアップの使用量や散布回数が増えつづけている。当初、除草剤耐性作物は除草剤の撒く回数が減り、使用量減少による経済性が謳い文句だったが、それが裏切られてきている。その現実を分析したノースカロライナ大学の植物学者ジョン・ウィルコットは、除草剤耐性作物の経済性に疑問が生じ始めた、と報告した（Delta

Farm Press 2005/02/16）。

米国での除草剤耐性雑草（スーパー雑草）でとくに問題になっているのがブタクサの一種のパーマー・アマランスで、ノースカロライナ州では一〇〇の郡の内一〇で、ジョージア州では一五九の郡の内四でこのスーパー雑草が確認されており、テネシー、サウスカロライナ、アーカンソーの各州でも広がっている。この雑草は、一日に一インチ成長し、背丈が六〜一〇フィートにも達するため、労働者を傷つけ機械を壊す危険性が指摘されている（AP 2006/12/18）。

その米国で、最初に見つかったスーパー雑草は、二〇〇一年、ヒメムカシヨモギだったが、それ以降増え続け、現在は一五種類に達していることが分かった。米国で多いスーパー雑草は、パーマーアマランス、アカザの仲間のフジバカマ類（waterhemp）、普通のブタクサ、オオブタクサ、ヒメムカシヨモギである（Agweek 2009/6/8）。

米国アーカンソー大学とモンサント社は、アーカンソー州南東部で除草剤（ラウンドアップ）耐性雑草（Johnsongrass）の存在を確認した。またミシシッピー州立大学の専門家と同社も、ミシシッピー州クラークスデール近郊で同じ耐性雑草を確認した（Monsanto,USA 2008/3/12）。

米国では、二〇〇八年のＧＭ綿の栽培面積が、中南部を中心に二年連続で減少したことが明らかになった。問題になっているのが、除草剤が効かないスーパー雑草と害虫の拡大で、前者では、アカザ科のスーパー雑草が増え綿の畑だけでなく他の畑も浸食している。後者では、標的にしている以外の害虫が増大しており、殺虫剤の使用量を増やしている。米国では全綿の栽培面積の九〇％近くがＧＭ綿になっているが、年々費用がかかるようになり、二〇〇九年には従来の綿を上回ることが確実になった（Delta Farm Press 2009/2/5など）。

除草剤に抵抗性を持ったスーパー雑草が、米国南部の穀倉地帯で増え続けており、農家を苦しませている。特に多い雑草がアカザで、農家は他の除草剤を用いるか、従来の作物に戻るか、農業を捨てるか、選択を求められ始めている（France24 2009/4/19）。

米パデュー大学の雑草学専門家ビル・ジョンソンが、除草剤耐性作物がもたらす、除草剤耐性雑草の拡大で農家が利益を失うのは時間の問題だと、警告を発した（Purdue University 2009/4/14）。

アルゼンチンの草原では、除草剤に耐性をもった雑草が広がり、大豆の成長に影響が出始めており、コストがかかるようになった、とトゥクマン州の研究者ダニエル・フロッパーが述べた。政府はこのスーパー雑草の広がりを抑制するために、多数のプロジェクトを準備しており、ゴルドバ州では州議会に対策法が提出された（CNN Money 2007/9/26）。

アルゼンチンの大豆畑がほとんどモンサント社の除草剤耐性大豆によって占められたことで、同国の環境が危機に直面している、と『ニュー・サイエンティスト』誌が報告。大豆農家はＧＭ大豆導入以前に比べて二倍以上の除草剤を使用している。除草剤が効かない「スーパー雑草」がはびこり手がつけられなくなっているのが、その理由。また除草剤の大量使用によって家畜に健康障害が広がり、土壌微生物が減少している（The Guardian Weekly 04/4/22）。

除草剤使用量増大で、人々の間で健康障害が広がっている。二〇〇二年、コルドバ州の人口五〇〇〇人の町イトゥザインゴ・アネクソにおいて、白血病や皮膚の潰瘍、内出血や遺伝障害などが多く発生し、緊急事態宣言が発せられた。「イトゥザインゴの母親たち」の依頼で科学者が行った調査結果を受けて、自治体当局が住民避難勧告を出したが、それでも住民はその地にとどまらざるを得なかった。生物多様性研究センターなどが二〇〇六年一月にサンタフェ州で行った調査によると、多くの町で全国平均の一〇倍以上の肝臓がん、三倍に達する胃がん、精巣がんが見つかっている（IPS Japan 2006/11/17）。

その後、同様の健康被害がアルゼンチン全土にまで拡大していることが分かった。調査報告を発表したのは、地域で活動しているRural Reflection Groupe（GRR、地域を反映させるグループ）で、同報告は多数の医師、専門家、住民の証言から構成されている。それによると、特に際立っているのが、若年層のがん、出産時の奇形、狼瘡（ろうそう）と呼ばれる皮膚障害、腎障害、呼吸器系の疾患などである（Inter Press Service News Agency 2009/3/4）。

同除草剤が胎児に奇形をもたらす可能性があるとする見解を、この報告にかかわった、発生学を専門とする科学者アンドレス・カラスコが発表した。同博士によると、両生類の胚を用いた実験で胎児に脳や腸、心臓に欠損を生じるケースがみられたという。この結果は、人間の胎児でも起きうると指摘している（Latin American Herald Tribune 2009/4/14）。

カラスコ博士に対する攻撃も始まっているようだ。すでに四人の男性が訪れ、脅していったことが明らかになっている（Organic Consumer Association 2009/4/27）。

アルゼンチンの家族経営の農家の団体と環境保護団体は共同で、価格高騰の影響でＧＭ大豆畑が拡大していることに対して、深刻な影響をもたらしかねない、と警告を発した。同国の脆弱な土壌の上に大豆畑が拡大しており、このまま拡大していくと環境面だけでなく、社会的にも深刻な影響がでかねないというもの。アルゼンチンではほとんどの大豆が、モンサント社の除草剤耐性大豆であり、一六六〇万ヘクタールと同国の全耕地の半分以上を占めて栽培され、生態系に限界を超えたストレスがかかっていると指摘する（soyatech.com 2008/7/29）。

このことは地球全体にいえることかもしれない。除草剤耐性大豆が、全大豆の栽培面積の約七〇％を占めるようになり、除草剤ラウンドアップの使用量が莫大な量に達している。同農薬の主成分グリホサートだけでも、二〇一〇年の使用量は九〇万トンに達すると見られている。その結果、地球上の大地はこの一つの農薬漬けとなり、環境悪化は避けられず、生物多様性への影響が懸念され、食の安全が脅かされる、と指摘された（Live-PR 2009/6/5）。

これを受けてアルゼンチンの環境保護団体が、ラウンドアップ禁止を求めて訴訟を起こした。この訴訟の影響は、ＧＭ大豆を栽培している農家だけでなく、大豆業界や政府内部にも波紋を広げた。さらに環境問題に取り組む弁護士グループも、ラウンドアップを六カ月間使用を禁止するように求める訴訟を起こした。もし、この訴えが認められると、同国では大豆そのものがほとんど作付け不能の状態に陥る。アルゼンチンはいま、ＧＭ大豆に依存してきたツケを高い利息をつけて支払う段階にきたようだ（The Financial Times 20095/29）。

野生生物・原生種の汚染

メキシコでトウモロコシの原生種に、遺伝子組み換えで導入された遺伝子が入り込む、遺伝子汚染が進んでいるという報告は、世界中で衝撃をもって受け止められた。『ネイチャー』誌にこの事実を発表したのは、米カリフォルニア大学バークレー校のデイビッド・クエストとイグナチオ・チャペラで、メキシコ・オアハカ州でトウモロコシの遺伝子汚染が拡大している、というものだった。これに対してバイテク企業や企業から資金を得ている科学者たちが激しく圧力をかけ、同誌が同記事を撤回するという異常な事態へと発展した。

メキシコ政府も最初、この論文を否定した。しかし、同政府による調査が進むと、汚染は想像以上に深刻であることが分かってきた。事実、オアハカ州とプエブラ州で採取された野生種のほとんどで汚染が確認された。原因としては、農家が米国から輸入されたトウモロコシを種子として用いたためと見られている。

さらにメキシコ国立生態研究所の研究者らによる調査で、在来種への汚染も広がっていることが判明した。カリフォルニア大学バークレー校の研究者からの問い合わせに対して同研究者は、採取した従来品種の七％に、ＧＭ品種由来の物質が見つかったと伝えてきた。

北米自由貿易協定（ＮＡＦＴＡ）から一〇年以上がたち、さらにメキシコの農民の多くがＧＭトウモロコシの汚染に直面していることが分かった。その結果、生物多様性や人々の健康が危機にさらされていることに、不安が広がっている（The McGill Daily 2008/3/30 ほか）。

最近でも、メキシコ各地域で受け継がれてきた在来種トウモロコシで、ＧＭトウモロコシに導入された遺伝子の検出が、メキシコシティにあるメキシコ国立自治大学（ＵＮＡＭ）の研究者によって発表されており、メキシコの汚染は深刻化している。

このような原生種や地域の固有種への汚染が拡大する一方で、生物多様性への影響も懸念されている。二〇〇三年一〇月一六日、英国王立協会は、ＧＭ作物について農場で行われた環境影響の評価実験の報告を発表した。六八〇万ポンドを投じ、四年かけて二七三カ所で、四種類の作物に関してＧＭ品種と通常の品種を比較した調査結果である。作物は、テンサイ、トウモロコシ、春蒔きナタネ・冬蒔きナタネで、それぞれ六六、六八、六七、七二カ所で行われた。

実験は実際の農場で、除草剤耐性のテンサイ、トウモロコシ、ナタネのＧＭ品種と、同じ作物の非ＧＭ品種を、それぞれ実際に栽培する時と同じ条件で栽培し、比較した。除草剤は、ＧＭ品種が、トウモロコシとナタネでグリフォサート・アンモニウムを用い、テンサイではグリフォサートを用いた。グリフォサートは、ラウンドアップの主成分である。非ＧＭ品種は、それぞれ、現在、実際の栽培で用いられているものを用いた。

環境影響で評価比較したものは、雑草と、昆虫・小鳥などの動物への影響である。農場内だけでなく、農場の周辺への影響も調査された。結果は、テンサイとナタネではGM品種の方が、雑草、動物ともにマイナスの影響が大きいことが分かった。逆にトウモロコシは、非GM品種の方が、マイナスの影響が大きかった。しかし、このトウモロコシに関しては、英国政府元環境大臣のマイケル・ミーチャーが、非GM品種に用いた除草剤に、発癌性が強いとしてEUでの禁止が決まっているアトラジンが使われていたため、実験をやり直すべきだと述べるなど、その方法に批判が強まった。またこの実験は、有機農業とは比較されていない（ガーディアン 2003/10/17 ほか）。

昆虫の寿命等への影響

Bt作物（殺虫性作物）がもたらす、標的昆虫以外の昆虫への影響も報告が相次いでいる。インディアナ大学の研究者が、Btトウモロコシが水系の生態系に有害だとする研究結果をまとめた。その内容は全米科学アカデミー誌（The Proceedings of the National Academy of Science オンライン）一〇月八日付に掲載された。論文をまとめたのは、同大学行政環境大学院助教授のトッド・V・ロイヤーらで、トウモロコシの花粉などが河川に流入して、水生昆虫のトビケラの成長率が半減以下となる成長阻害が起き、死亡率が高くなると指摘したもの。

トビケラは、殺虫性作物のBt毒素の標的害虫の近縁に当たる。これまで殺虫性作物がもたらす生態系への影響の中で、水生昆虫で調査されてきたのは、ミジンコだった。トビケラは、魚や両生類などのエサとなるため、研究者は、生態系に大きな影響がでかねないと指摘している(National Science Foundation 2007/10/9など)。

スイス連邦農業・農業生態学研究所のアンジェリカ・ヘルベックらは、ノバルティス社が開発したBtコーンを用いて実験を行った結果、トウモロコシを食べたオオカバマダラの幼虫を食べたクサカゲロウの幼虫は、死亡率が二倍近く高くなることがわかった。

コーネル大学のジョン・ロージー博士らは、チョウの幼虫を用いて、殺虫性作物の花粉が飛び散った際の影響を実験するため、トウワタと呼ばれる植物の葉にBtコーンの花粉を振りかけ、幼虫に食べさせたところ、大量死が確認された。トウワタの葉を食べたチョウの幼虫は、徐々に摂取量が減少して、やがて成長が止まり、四日後には四四％が死亡した。花粉を摂取しなかった対照群はまったく死ななかった（Nature 1999/5/20など）。

この論文も、バイテク企業や企業から資金を得ていたり、ＧＭ作物を推進している研究者から激しい攻撃を受けた。

しかし、その後も同様な報告が相次いでいる。たとえば、過去五年間にわたり蝶の調査を行っている専門家が、オオカバマダラが七五％も減少したのはＧＭ作物が原因のひとつだと指摘した。この蝶は、メキシコから米国北部へと長い距離を移動する貴重な蝶として有名であるが、発表した研究者によると、米国中で栽培されている除草剤耐性作物によって、除草剤が大量に撒かれるため、蝶の幼虫の餌が枯れることが原因だと指摘している（Daytona Beach News-Journal 2005/07/05)。

イギリスのスコットランド農作物研究所のバーグらは、殺虫毒素をもったジャガイモについていたアブラムシを食べたテントウムシの寿命が短くなったと報告している。

ＧＭポテトが、ある害虫を阻止しても、別の害虫に対して無防備で、引き寄せることも分かってきた。アリマキを撃退すると、ヨコバイを引き寄せるなど、目的外の害虫に無防備であるというのである（New Scientist 02/6/2)。

増えてきた蜜蜂への影響調査

このところ蜜蜂への影響が、報告されている。最近、日本でも蜜蜂の減少が問題になっているが、米国を中心に北米で蜜蜂が大規模にいなくなる現象「集団崩壊（ＣＣＤ）」が広がっており、米国全体で四分の一以上の二四〇万の集団がいなくなったと見られている。これまでも同様の現象はあったが、今回は前例のない広い規模で起きており、受粉に影響が出るとして農民の間でパニックが広がっている。原因については、農薬の影響がもっとも有力視されているものの、電磁波の影響などさまざまな説がだされているが、Btコーンの花粉も原因の一つだと見られている（New York Times 2007/4/24)。

二〇〇八年七月一五日、ドイツの六人の養蜂家が蜜蜂を、ミュンヘンより八〇km離れたカイスハイム村から同市内に移動させた。同村にはBtコーンが栽培されており、蜜蜂をGM汚染から守るのがその目的である。蜂蜜が汚染されると売れなくなることから、養蜂家たちはGM作物栽培禁止を求めて裁判所に訴えていたが、ドイツではGM作物の栽培が認められているとして訴えが却下されたため移動したもの（Inter Press Service News Agency 2008/8/14）。

フランス比較無脊椎神経生物研究所のデレグらは、殺虫毒素をもったナタネのミツを吸った蜜蜂の寿命が短くなり、学習障害が見られたと報告している。

ドイツの昆虫学者ハンス・ヒンリッヒ・カーツらは、除草剤耐性ナタネの花粉をもらった蜜蜂から、花粉を受け取った他の蜜蜂の腸内細菌を分析したところ、除草剤耐性菌を検出しており、汚染や影響は想像以上に大きいと考えられるようになった。

Bt毒素をもつGM作物によって、蜂が学ぶ行動に悪い影響が起きることが分かった。これは英国のバイオサイエンス・リソース・プロジェクトが行った実験で、用いたBt毒素は「Cry1Ab」、長期にわたってこの殺虫毒素にさらされた結果起きたものと考えられている。これまで殺虫性作物を用いた昆虫への影響を調べた研究は、一度に大量に被ばくする実験が主で、このような長期にわたってさらされるケースはほとんど行われてこなかった（The Bioscience Resource Project 2008/10/21）。

ドイツ『エコテスト』誌が行った検査で、蜂蜜二四製品中一一製品からGM遺伝子やその断片が見つかった。その多くがラウンドアップ耐性大豆由来のものだった。蜜蜂が大豆の花を好まないことから、この結果は意外だった。なおもっとも混入率が高かったのは、カナダ産ナタネ由来のものだった（Öekotest 2009/1/2）。

飼料などによる家畜への影響

では実際にGM作物を飼料として食べている家畜への影響はどうだろうか。米国では、Btコーンを餌に用いた豚の繁殖率が激減することが報告されている。アイオワ州農務省の担当者によれば、ある農家の豚の場合、約八〇％が妊娠しないし、この傾向は他の農家でも現れているという。Btコーンを与えると偽装妊娠が起き、やめると偽装妊娠もなくなるという（Organic Consumers Association 02/5/20）。

インド・アンドラプラーデシュ州ワカンガルで、Bt綿を収穫した後の畑を利用した牧草地で、草や葉を食べた羊が死亡するケースが相次いだ。持続可能な農業のためのセンターに所属する人たちがつくった研究チームが調査したところ、イパクダム村の羊の死亡率は二六〇一頭中六五一頭で二五・〇二％、バレル村の羊の死亡率は二一六八頭中五四九頭で二五・三二％に達し、全体で約一六〇〇頭が死亡したことが分かった。羊飼いの証言によると、主な症状は次のようであった。①Bt綿を食べた二～三日後に元気をなくす。②鼻水や咳が出る。③口が赤く腫れ侵食性の傷害が出る。④黒っぽい下痢状の糞。⑤尿が赤くなる。⑥五～七日で死亡。同研究チームは、政府に対して、徹底した調査を求めている（GM Watch 2006/4/30）。

その後、政府畜産局や専門家による調査が始まった。死んだ羊で病原性の微生物は検出されていないという。Bt綿は、農薬の使用量を減らすのが目的であり、農薬の影響は考え難い。調査した持続可能な農業のためのセンター研究チームは、Bt綿による影響が有力だと考えている（Hindu 2006/05/21）。

インド・オリッサ州で、Bt綿を収穫した後の農地に放牧した山羊一二〇頭が死亡した。インドでは同様の事態が繰り返し起きていながら、政府は調査しようとしない。村人の証言では、山羊はBt綿を食べてまもなく死亡したという。解剖したところ胃にBt綿が見出されたことも明らかになった（Newindpress 2008/8/6）。

人間への影響も懸念されている。最近、米国環境医学会（ＡＡＥＭ）が、ＧＭ食品の即時のモラトリアムを求めた。同医学会は、最近の動物実験で「ＧＭ食品が健康に重大なリスクをもたらす可能性が強まった」と述べた。ＧＭ食品は、毒性学的、アレルギーや免疫機能、性と生殖に関する健康、メタボリック、生理学的、そして遺伝学的な健康破壊をもたらす可能性があると結論づけている。そしてＧＭ食品の即時栽培・流通の停止、長期摂取の安全性試験の実施、全面表示などを求める提言を行った。ＡＡＥＭは、一九六五年に設立された、環境問題と臨床医学を結んだ領域に取り組んでいる学会で、大気・食品・水などの汚染や生物化学兵器

茨城県にある日本モンサント社の実験圃場、毎年さまざまなGM作物が栽培されている

などが絡んだ病気を研究し、情報を提供してきた（The American Academy of Environmental Medicine 2009/5/19）。

相次ぐ未承認作物の交雑・混入事件

これまで世界中で、開発途上にある未承認の遺伝子組み換え（ＧＭ）作物が数多く食品となって出回ってきた。これは開発企業の管理が、いかにずさんかを物語るものである。

環境保護団体のグリーンピースと英国で遺伝子組み換え食品の情報を収集・発信しているＧＭウォッチは、一九九六年以来起きてきたＧＭ汚染の事故や事件、違法栽培などをまとめた報告書を発表し、その後も事件が起きるたびに追加してきた。それによると二〇〇五年までの一〇年間に、汚染が八八件、違

表５　日本で事件を起こしたＧＭ作物

		栽培国・開発企業
2000年	スターリンク（トウモロコシ）	米国　バイエル・クロップサイエンス
2001年	ニューリーフ・プラス（ジャガイモ） ニューリーフＹ（ジャガイモ）	米国・カナダ　モンサント 米国・カナダ　モンサント
2002年	Rainbow（パパイヤ）	米国（ハワイ）　アプジョン他
2005年	Bt10（トウモロコシ） Bt イネ（イネ）	米国　シンジェンタ 中国　湖北省武漢農業大学
2006年	LL601 ほか（イネ）	米国　バイエル・クロップサイエンス
2008年	Event32（トウモロコシ）	米国　ダウ・アグロサイエンス

法栽培が一七件、農業への悪影響が八件あったという。この報告書はホームページで見ることができる(http://www.greenpeace.org/raw/content/international/press/reports/GM-contamination-report.pdf)。

日本でも、スターリンク事件をきっかけに数多くの未承認作物流通事件が起きている。報告されている事件は、明るみに出たものだけであるから、背後には、その数倍にものぼる明るみに出なかった事件が隠されていると見て間違いない。

最後になったが、最近、欧州委員会が、ＧＭ作物がもたらす遺伝子汚染について警告を発したことを紹介して、遺伝子組み換え作物がもたらす生物多様性への影響についての原稿を閉じることにする。それはフランスでの新たな研究が、距離をとったとしても汚染を防ぐのが極めて困難であることを示したからである。それはC.Lavigneらが行った実験で、「Journal of Applied Ecology 45」誌に発表された。同論文は、畑をGMトウモロコシと非GMトウモロコシをパッチワーク状にしたモデルを作り、花粉の飛散状態を調査した結果を報告したもの。それによると隣接の畑でかなり高い割合で交雑が起きたが、この交雑はかなり距離のはなれたトウモロコシから飛んで来た花粉も寄与していた。同調査を行った研究者は、ある程度の隔離距離をとったとしても、汚染はEUの基準である〇・九％を超えるのは避けられない、と指摘した（欧州委員会2008/12/10）。

このようにGM作物は、さまざまな形で生物多様性に脅威をもたらしている。これに加えて、新たな脅威が加わろうとしている。それがGM動物とクローン家畜の登場である。これについては、後程詳しく述べることにする。

第2章　遺伝子汚染を防ぐことは可能か？

遺伝子汚染と共存問題

遺伝子汚染は主に、風や昆虫、小動物などがもたらす花粉の飛散、こぼれ落ちた種子などの自生、それがもたらす交雑などが原因で起きる。それを防ぐ手段として考えられることというと、隔離距離をとること、開花時期をずらすこと、林などで囲うことなどしかない。ではいったい、隔離距離はどの程度までとればよいのか。どの程度開花時期をずらすことで対応できるのか。どのような囲いだったら防ぐことができるのか。

隔離距離に関しては、これまでほとんど研究されてこなかった。というのは、通常に農業をしている限りその必要がなかったからである。また、農業の現場では、作付け時期をずらしたにも関わらず開花が重なってしまうことは、実際によくあることである。どの程度ずらせば、確実に開花時期が異なるようになるのか、この点についても研究されてこなかった。その必要がなかったからである。囲いについても同様である。閉鎖された温室であればまだしも、野外で栽培されれば汚染を防ぐことは事実上不可能である。林などで囲っても、風や虫、動物が遠くにまで運んでしまうケースも、よくあることである。

現在、遺伝子組み換え（ＧＭ）農業と、他の農業との共存が検討されている。すなわちＧＭ農業は、慣行農業や有機農業と、どのように住み分けることができるかという問題である。とくにヨーロッパでは盛んに議論されているが、最大の問題は花粉の飛散である。実際、ＧＭ作物の栽培地域、米国やカナダでは、花粉の飛散や落ちこぼれ種子などによる汚染が進んでいる。いったん作付けされると、確実に汚染は起きる。

日本ではこのような交雑と距離の関係に関しては、ほとんど調べられてこなかった。今回、北海道で初めて、三年間にわたり栽培実験が行われた。初めて行われた本格的な実験の結果を見ていくことにしよう。

どのような実験か？

日本では、カルタヘナ国内法の施行にあわせて、農水省が試験栽培に関して、指針で隔離距離を定めた。商業栽培もそれに準じるように求めている。しかし、その隔離距離が極めて短く、これでは汚染が起きても仕方がないといわれてきた。

表１　2006年、2007年の交雑試験結果

	2007年の試験		2006年の試験	
	隔離距離	交雑率（%）	隔離距離	交雑率（%）
稲	−		2m	1.136
	−		26m	0.529
	150m	0.076	150m	0.068
	300m	0.023	300m	0.024
	450m	0.006	−	
	600m	0.028	−	
大豆	10m	0.003	10m	0.029
	20m	0.003	20m	0.019
	45m〜	確認されず	−	
トウモロコシ	250m	0.0338	250m	0.015
	600m	0.0067	600m	0.003
	850m	0.0028	−	
	1200m	0.0015	1200m	確認されず
テンサイ	80m	1.44		
	210m	0.53		
	580m	0.10		
	990m	0.12		

（なおテンサイのみ試験の方法が異なり、４〜2500ｍの間の57カ所に試験区を設定し調査された。その結果、４〜50ｍの間ではすべて交雑が確認され、80ｍ以上では33試験区中４試験区で交雑が確認された。データはその４試験区のもの。）

北海道では二〇〇六年一月から、遺伝子組み換え作物栽培規制条例がつくられ、商業栽培は知事の許可制、試験栽培は届け出制となった。その試験栽培を行う場合、周囲にある一般の農地との間の隔離距離を設定した。その距離は、農水省が指針で示した距離の二倍以上で、厳しい内容になっている。例えば稲の場合は、農水省のそれが三〇ｍであるのに対して、北海道は三〇〇ｍである。

北海道では、その隔離距離が妥当なものであるか否かを見るために、二〇〇六年度から二〇〇八年度まで三年間かけて、交雑試験を行った。

試験を行った作物は、稲、大豆、トウモロコシ、ナタネ、テンサイの五作物で、この中でナタネだけは、花にやってくる昆虫の種類と、防虫網の通過防止効果を見る調査だけのものだった。大豆の場合、ナタネと同様の調査を行っているが、同時に交雑試験も行っている。交雑試験では、風下のそれぞれ距離をとった地点に作物を植えた鉢（ポット）を置き、収穫後一粒一粒が分析された。

稲の場合、二〇〇六年度に行った調査で、設定した最も遠い距離である三〇〇ｍで交雑が起きたことから、二〇〇七年度の調査では四五〇ｍ、六〇〇ｍの隔離距離でも調査を行った。その結果、その六〇〇ｍでも交雑が起きた。トウモロコシでも、最も遠い距離である一二〇〇ｍで交雑が起きている。テンサイでも九九〇ｍで交雑が確認された。

北海道では、稲のケースで見られるように、想像以上に花粉が飛散することが確認され、距離は隔離の要件にならないとする見方が広がっている。同時に、農水省の指針が定めた隔離距離の設定の甘さが浮き彫りにされた形となった。

もっともこの結論は、すでに筑波大学の生井兵治元教授によって、予見されていた。同元教授によれば、花粉が飛散して交雑を起こす最大距離は、理論的には花粉の寿命とその時の風速によって示されるとしている。稲の場合、風速五メートルでは、一・五kmに達する。同じ条件でトウモロコシを計算すると、八六四kmに達する。日本のどこかでＧＭトウモロコシを栽培した場合、交雑を免れるところはほとんどないことになる。

北海道の交雑試験の結果、距離もネットも汚染防止にならず

二〇〇九年二月三日、北海道食の安全・安心委員会「遺伝子組換え作物交雑等防止部会」が開催され、二〇〇六、二〇〇七年に行われた交雑試験に加えて、新たに二〇〇八年に行われてきた交雑試験結果が発表された。過去二年間行われてきた花粉飛散試験では、隔離距離をとっても交雑防止にはならないということが判明したことは、すでに述べた。二〇〇八年には新たに、稲とトウモロコシで、花粉飛散防止用の目の細かなネットの中で栽培して、効果を確認する試験が行われた。大豆とテンサイについては、前年同様、交雑試験が行われた。ナタネに関しては、これまでの試験同様、花粉を媒介する昆虫に関する調査が行われた。

その結果、稲とトウモロコシで行われた試験では、ネットを用いても花粉の飛散は防止できないことが判明した。これまで交雑実験は風下のみで行われていたが、風上にポットを置いた試験も行われ、風上でも意外と交雑することを確認した。

テンサイは、五〇ｍ〜二八〇〇ｍの間四七地点にポットを置き調査したが、三〇〇ｍ以内ではすべて交雑を起こしていた。八〇〇ｍ以内では約三分の二が交雑を起こしていた。また、最も離れたところでは二〇〇〇ｍの地点で交雑を起こしていた。

ナタネは、蜜蜂、コハナバチの関与が高く、とくに蜜蜂が最も関与することが分かり、三年間その媒介が確認された。大豆は、過去二年間は、一〇〜二〇ｍ隔離での交雑を確認してきたが、今回は確認されなかった。

この結果、北海道としては、距離もネットも交雑防止にならないと結論づけた。しかし、現行の隔離距離は見直す必要はない、とした。問題は農水省で、この実験結果に対して、同省も、現行の隔離距離を見直す必要はない、と結論づけた。農水省は、花粉の飛散による交雑を防ぐことは、無理だと判断したようである。共存ではなく、ＧＭ作物を優先して、汚染を前提にした方針に切り替えたようだ。これでは、生物多様性は壊されていくしかない。

表２　2008年に行われた試験

花粉飛散防止用ネットを用いた実験

			交雑率（%）
稲（中央農業試験場）	ネット有	風上	0.053
		風下	0.540
	ネット無	風上	0.040
		風下	0.750
トウモロコシ（花・野菜技術センター）	ネット有		8.680
	無		7.216
〃　（畜産試験場）	ネット有		0.877
	無		1.966

（隔離距離は、稲は１m、トウモロコシは1.5m）

交雑試験		交雑率（%）
トウモロコシ（花・野菜技術センター）	風上（280m距離）	0.0035
	風下（280m距離）	0.0099

	2008年の試験		2007年の試験	
	隔離距離	交雑の有無	隔離距離	交雑の有無
テンサイ	～300m	８試験区すべてで確認	～50m	24試験区すべてで交雑確認
	～800m	17試験区中11区で確認	80m～	33試験区中４区で確認
	800m～	22試験区中５区で確認		

（もっとも遠い距離は2000m）

	隔離距離	
	北海道の条例	農水省の指針
稲	300ｍ以上	30ｍ以上
大豆	20	10
トウモロコシ	1200	600
ナタネ	1200	600
テンサイ	2000	−

（いずれも試験栽培のためのもの、一般栽培はこれに準じる）

花粉の交雑可能な距離

	花粉の寿命	風速1m/sec	風速3m/sec	風速5m/sec
稲	５～６分	0.3㎞	0.9㎞	1.5㎞
トウモロコシ	２～３日	172.8㎞	518.4㎞	864.0㎞
コムギ	５～６日	432.0㎞	1296.0㎞	2160.0㎞

寿命の下限と風速を掛け合わせて単純に産出した数値
１カ月は30日で計算
（生井兵治・元筑波大学教授作成）

第3章　遺伝子組み換え動物が食品に

米国で遺伝子組み換え動物食品の審査始まる

二〇〇九年一月一五日、米国ＦＤＡ（食品医薬品局）は、遺伝子組み換え（ＧＭ）動物食品を承認する際の安全審査の基準を正式に発表した。これは二〇〇八年九月一八日に同局が草案を発表し、六〇日間のパブリック・コメント（市民の意見を聴くこと）を経て発表したものである。いよいよ米国では、ＧＭ動物が食品になり、市場に出回り、食卓に登場することになる。

二〇〇八年六月三〇日〜七月四日に開かれたコーデックス総会（ＣＯＤＥＸ、ジュネーブ）で、ＧＭ動物食品の安全審査の基準が採択された。コーデックスとは、国連のＷＨＯ（世界保健機関）とＦＡＯ（食糧農業機関）の共通の下部組織で、食に関する国際基準や規格をつくっているところである。この国際基準ができたことを受けて、米国でも基準が作られたのである。このパブリック・コメントの期間に寄せられた意見は、二万八〇〇〇に達したという。基準が作られたことによって、米国でＧＭ動物食品が承認され、それが日本に入ってくることが確実になった。

この基準では、承認の過程を開示しなくてもよく、安全性等の評価データは承認されるまで公開されないため、不透明なままＧＭ動物食品が出回ることになる。しかも、ＦＤＡは表示を求めなかったため、消費者は知ることも選択することもできないことになった。バイテク産業は、この規則を歓迎したという。

米国のバイテク業界によると、すでに二四を超えるＧＭ動物が待機しているという。ＦＤＡは二〇〇八年九月二日、すでに米国では体細胞クローン家畜の子孫が出回っている可能性が高い、と発表したばかりである（体細胞クローン家畜については次章で述べる）。これでクローン家畜に続いてＧＭ動物まで加わることになった。ＦＤＡはクローン家畜食品も表示不要としており、それらの動物食品が日本に入ってきても分からないため、まもなく日本市場に出回る可能性が出てきた。クローン家畜食品が先行し、それを追いかける形で、世界中でＧＭ動物食品が登場するのは時間の問題となったのである。

魚が最初に登場

遺伝子組み換え（ＧＭ）技術とは、他の生物の遺伝を導入することであるが、単に導入するだけではない。その遺伝子が強力に働く仕掛けを加えている。例えば、よくクラゲの光る遺伝子を導入して光る豚などがつくられている。

二〇〇九年五月二八日、慶応大学と実験動物中央研究所などのチームが、ＧＭコモンマーモセットを作り出した、という報道があった。霊長類としては初めてのＧＭ動物の誕生だという。どのような遺伝子を用いたかというと、これもクラゲの発光遺伝子をサルに導入し、緑色に光るサルを作り出したのである。

このような光る動物づくりは、以前から行われてきた。発光遺伝子は、遺伝子組み換えがうまくいったかどうかを見るために用いられてきた。このような遺伝子を、目印（マーカー）遺伝子という。発光遺伝子を、導入する目的遺伝子と接合して一緒に用いる。目的遺伝子は、ほとんどの場合、外見からはその遺伝子が働いているか否か分からないからである。遺伝子組み換えがうまくいけば、その動物は光り、それとともに一緒に導入した目的遺伝子も働いていることが確認できる。もちろん今回のように、光る遺伝子を単独で用いることもある。その場合はほとんどが、どのような方法を用いれば、その動物で遺伝子組み換えが行えるかを探るためである。

他の生物の遺伝子を入れることで、それまでその生物が持っていなかった性質を持たせることができる、という点に特徴があるものの、その遺伝子は強く働くよう仕組まれており、激しく暴れまくるために、導入した生命体によくない影響が起きることは必至である。

これまでＧＭ食品というと、作物や、微生物につくらせる食品添加物だけだったが、範囲が広がり家畜や魚・昆虫にまで及ぶことになる。すでに多くのＧＭ動物が開発されている。例えば、近畿大学ではホウレン草の遺伝子を導入した豚がつくられている。ヘルシーな豚肉を供給するのが目的ということだそうである。米国でもオメガ３脂肪酸を増やしたヘルシー豚が開発されている。カナダでは、三倍の成長速度を持つ鮭が開発され、市場化を待っている。この巨大鮭以外に、耐冷性魚などもつくられている。観賞用の光る熱帯魚は、違法行為とはいえ、すでに日本の市場で出回ったことがある。

ＧＭ動物では、まずこの魚が市場に出る可能性が強いと見られている。というのは、魚は「体外受精」であり、操作が行いやすいからである。魚の場合、その多くはマイクロシンジェクション法と呼ばれる、直接に遺伝子を挿入する方法がとられている。魚の種類としては、鮭、ニジマス、ティラピア、鯉などが開発の対象になっている。

どのようにしたら巨大鮭を作ることが可能になるのだろうか。成長促進目的で最も多く導入される遺伝子は、成長ホルモンを作り出す遺伝子である。巨大鮭の場合、野生の鮭の成長ホルモン遺伝子が用いられているが、それだけでは巨大化させることはできない。というのは、ホルモンには分泌をコントロールする仕組みがあるからで、過剰状態になると分泌が抑制されてしまう。そのため、抑制が働かないような、しかも巨大な臓器で働かすように仕組まれた。

そこでポイントになったのが、遺伝子を起動させるために用いる「プロモーター」と呼ばれ

表１　現在開発中のGM動物

動物生産の向上	成長速度を加速	アトランティック・サーモン、コイなど
	病気への抵抗性向上	コイ、ブチナマズ
	低温抵抗性	アトランティック・サーモン、金魚
	飼料の消化力増幅	豚
生産物の質の向上	栄養学的側面に変化	牛などでミルクの中の乳糖濃度を減らすヘルシー豚肉
	アレルゲン除去	エビ
	新しい観賞用動物	熱帯魚に発光蛋白遺伝子を導入
新しい生産物	人間・動物用医薬品生産	山羊・羊・牛
	工業製品	ヤギのミルクでクモの糸生産
生物標識	環境汚染のセンサー	グッピーに重金属探知
人間の健康	臓器移植用心臓	豚に人間の遺伝子導入
動物の健康	伝達性海綿状脳症の予防	畜牛、羊のプリオン遺伝子の不活化
生物の制御	殺虫剤抵抗性の益虫	捕食者・捕食寄生者に農薬耐性遺伝子
	感染症の制御	ハマダラ蚊にマラリア原虫抵抗性遺伝子
	生殖と性の制御	昆虫の性ホルモン制御

FAO/WHO専門家会議報告より（2003年11月17～21日、ローマ）などより

る遺伝子である。そのプロモーターに肝臓で働く遺伝子を用いている。巨大な臓器で働くとホルモンの分泌量が飛躍的に多くなるからである。コントロールを失ったホルモン分泌によって、奇形状態が作られたのが、巨大鮭である。現在開発中のＧＭ動物食品は、意図的に奇形状態をもたらしたものがほとんどである。

昆虫もまた、害虫を遺伝子組み換え技術で不妊にして大量に放ち害虫を駆除する試みや、殺虫剤をまいても死なない殺虫剤耐性昆虫をつくり殺虫剤と併用できるようにする試みや、天敵昆虫を改造して天敵の範囲を拡大してさまざまな作物の害虫もやっつける試みなど、さまざまな開発が進んでいる。

遺伝子組み換え動物の問題点とは？

動物と植物の違いは大きく、まず受精の仕組みが異なる。そのため遺伝子組み換え（ＧＭ）技術の方法も異なる。現在、植物では基本的に、雄しべや雌しべ、花粉や種子といった生殖を担う細胞ではなく、葉や茎などの体を構成する細胞に遺伝子を導入し、培養して作り出している。植物は挿し木で増えることでも分かるように、比較的容易に体細胞からＧＭ生物を作り出すことができる。

しかし、動物となるとそうはいかない。基本的に受精卵に遺伝子を導入して遺伝子組み換えを行うが、成功率が低いため、これまで開発されてきたさまざまなバイオテクノロジーを組み合わせて作り出している点に特徴がある。

ＧＭ動物は、ＧＭ植物と共通の問題点があり、加えて植物では考えられなかったさまざまな問題点がある。共通の問題点としては、導入した遺伝子が複雑な遺伝子の仕組みに介入して、遺伝子や代謝で大事な働きを止めたり、働いてはいけない遺伝子を作動させるなど、さまざまな撹乱を引き起こす可能性がある。また、ＤＮＡ量が増加することで生命体そのものを脆弱化させたり、病気や障害を起きやすくする可能性がある。

また遺伝子の働きが、本来その遺伝子が存在している生命体と、導入した新たな生命体では、働き方が異なることがある。例えば、小松菜の遺伝子を導入した牛がつくられたとする。その場合、小松菜の遺伝子が小松菜にある時と牛に入れられた後では働き方が違ってくることが多い。

独自の問題点としては、例えば、体外での培養・発生技術に伴う問題点があげられる。受精卵を傷つけて遺伝子を導入することや、細胞培養物質により思いがけない影響を受けること、母体による保護が喪失するといった問題によって、子どもに「奇形」などの異常が増える可能性がある。

環境への影響となると、まったく予測がつかない。動物の場合、植物と異なり移動する範囲が広いからで、また、いったん逃げ出した動物を元に戻すことはほとんど不可能である。

ＧＭ技術によって生命力が強められたり、弱められたりすることによる影響も、予測不能の問題を引き起こす可能性がある。例えば、ＧＭ技術で大量に乳を出す牛が開発されたとしよう。この場合、生命力が搾取されるため、確実に寿命が縮まり、生殖能力も衰える可能性がある。また成長ホルモン剤で示されたように、成長を早めたり、乳量を増やすために細胞分裂を活発にさせると、細胞分裂を促進する蛋白質が増え、それが癌細胞を刺激して「癌の促進効果」を招く危険性もある。

食品ではないが、人間への臓器移植用に開発されている、心臓提供用豚の場合、動物のウイルスが人間に感染する、人畜共通感染症の拡大を招く可能性が指摘され、開発が頓挫している。

人間のペットに用いるために、人間の都合に合わせた動物の改造も広がりそうである。ミニ化など、人間の都合に合わせた動物の生産は、その動物種の異常多発を招く危険性がある。すでにクローン・ペットが市場化しているが、異常が多いペットの拡大を招くことが懸念されている。

もしＧＭ動物が逃げ出したら

生物多様性への影響を見てみよう。もし遺伝子組み換え（ＧＭ）動物が野外に逃げ出したらどうなるだろうか。動物は移動するため、連れ戻すことが大変難しい。そこに最大の問題点がある。慶応大学と実験動物中央研究所などのチームが、GMコモンマーモセットを作り出した、ということをすで述べたが、これまでの長い生物史の中で、光るサルは存在したことがない。光る生物というと、クラゲ、サンゴ、ホタルなどが有名だが、それぞれ光ることには理由がある。もしサルが逃げだし繁殖を続け、光るサルが増えたとするとどうなるか。

サルにはさまざまな種類があり、毛の色や姿形、ほえ声などが違っていたり、餌の種類や生活圏の広さが違っていたりする。そこには、多様性を維持することで、共存したり、敵から身を守るなど、さまざまな知恵が凝縮している。例えばサルが光ると、夜に目立ち、敵から身を守ることができなくなる可能性が強まる。次々と襲われ、種が絶える危険性がある。そうなると、そのサルに依存する生物が滅び、その生物が滅びることで滅びる生物が出る、というように死の連鎖が起きる。その結果、生物多様性に甚大な影響が出てしまう。

他の動物でみてみよう。現在、GM動物で最も早く食品として出回ることになりそうなのが、カナダのプリンス・エドワード島にある工場で量産が進んでいる、三倍のスピードで成長する鮭である。この成長を早めたGM鮭は、野生の鮭に比べて最大二五倍の体重をもち、稚魚の段階から、いち早く市場に出ることを可能にした。しかしながら『ニュー・サイエンティスト』誌二〇〇七年三月八日号によると、最新の研究で、このGM鮭は性格を変え獰猛になることが分かり、もし環境中に逃げ出すと、生態系に予測不能の影響をもたらしかねないというのである。ＧＭ魚ではないが、琵琶湖でオオクチバス、ブルーギルなどの外来種が繁殖し、現在では魚類全体の八〇％になってしまった例もある。

他の影響に関しても、報告がある。米インディアナ州パーデュー大学の研究者らは、コンピュータ・モデルと統計分析手法を用いて、ＧＭ魚を放流した際の環境へのリスクを検証した。それによると、雄の生殖能力を抑制したＧＭ魚を放流した時に、環境中に生息する野生種が絶滅に追いこまれる時間は、想定されていたより短くなる（二〇世代）というのである。三倍のスピードで成長する鮭は体が大きく、その分、雌を引きつける能力を高めている。しかし、生命を操作した上に体が大きくなったことから、生殖能力が弱まっている。もし逃げ出したりすると、種の絶滅をもたらすなど生物多様性に与える影響が大きいことが分かったのである。

このようなことから、ＥＵの立法組織である欧州議会は、ＥＵの行政組織である欧州委員会に対して、ＧＭ魚の輸入を禁止し、ヨーロッパの市民の食卓に登場しないよう求めた。もしＧＭ魚が環境中に逃げ出すような事態が起きると、海洋生態系や地元の魚の生殖に介入が起き、それが破壊される危険性がある、というのがその理由である。

遺伝子組み換え動物には異常が多い

また遺伝子組み換え（ＧＭ）動物には異常が多い、という報告も出ている。クローン家畜にはとくに異常が多い。ＧＭ動物も負けず、異常が多いのである。

報告したのは、ニュージーランドのアグリサーチ研究所で、ＧＭ動物はとくに出産の際に異常が多い、という。出産率が通常の繁殖技術と比べて九％以上低下し、発育不全で変形した胎児、奇形の小羊、乳房のない牛、呼吸器系に異常のある動物などが生まれているという。

なぜ異常が多くなるのか、それにはさまざまな理由が考えられる。すでにＧＭ植物と共通の問題点や独自の問題点について述べたが、もう少し詳しく述べよう。

まず受精卵に遺伝子を導入する際、ウイルスを用いたり、直接針で刺して物理的に導入するため、受精卵を傷つけてしまう点が挙げられる。ウイルスを用いた場合、そのウイルスが動物に影響する場合がある。

また、その導入した遺伝子を大暴れさせないと、他の遺伝子に負けて働かなくなってしまうため、大量にしかも強めて導入している。そのため、本来の遺伝子がうまく働かなくなってしまったり、その遺伝子が、その生物がもともと持っている遺伝子の間に入り、その働きをとめてしまうこともある。

その他にも、さまざまな問題点があり、それらが寄ってたかって多くの異常をもたらしているといえる。

ＧＭ動物が増えることは、クローン動物同様に弱い動物、異常の多い動物、病気の動物を増やすことになり、それ自体その生物種の未来を暗澹たるものにしてしまう。

食文化へも影響

ＧＭ動物食品がもたらすインパクトはそれだけではない。社会に及ぼすインパクトとして、食文化・宗教への介入が起きる。よい例が、豚や牛の遺伝子を導入した食品を、イスラームやヒンドゥーの人たちは拒否できなくなる。ベジタリアンの人も同様の問題に直面する。

ＧＭ動物食品の登場する日は間近である。まず米国で流通する。すでに述べたが、米国ではクローン動物やＧＭ動物に関しては、食品となった際に表示はしなくてもよい、となっているため、米国から輸入される食品の中に混じって入ってきても分からないことになる。

ＧＭ作物では、スターリンク事件を始め違法混入事件が相次いだ。ＢＳＥ問題でも何度も混入してはいけない「危険部位」が次々と輸入時に見つかり、輸入停止が繰り返された。このように米国での輸出時のチェックや、生産現場の管理のずさんさには定評があるが、今後は、クローン家畜やＧＭ動物食品も入ってくることを覚悟しなければならなくなってしまった。

第4章　体細胞クローン家畜

食品として安全との評価

二〇〇九年一月一九日、クローン家畜が食品として安全かどうかを検討していた、食品安全委員会・新開発食品専門調査会のワーキング・グループが、「体細胞クローン家畜は食品として安全」という評価書をまとめた。理由として、体細胞クローン技術でつくられた牛や豚は、死産や生後直後の死亡、病死が多いなど異常が多く、問題はあるものの、一定の期間生き残ると従来の繁殖技術でつくられた牛や豚と差異のない健全性を有する、というのが承認の理由である。またクローン牛の精子や卵子を用いて誕生させた子や孫（後代牛）も問題ないとした。

この評価書をまとめたワーキング・グループでは、生物多様性への影響や倫理面、動物の福祉などへの影響といった、食品として安全かどうかという点以外の重要な問題は諮問されなかったため、議論も評価もされていない。日本では、このような重要な問題を議論したり評価す

バイテク関連展示会に連れてこられた体細胞クローン牛

る場がないため、どこでも評価されないまま食品として認められれば作成や流通が認められることになる。

クローン動物づくりには、大きく二種類の方法がある。受精卵クローンと体細胞クローンである。すでに受精卵クローン家畜は食品として認められ流通している。

今回、安全と評価されたのは体細胞クローン家畜の方で、これら家畜クローン技術は、日本では主に優良牛と呼ばれる、肉質がよかったり、乳をたくさん出す牛の大量生産が目的で開発が進められてきた。

一九九六年七月五日に、世界で初めて体細胞クローン動物が誕生した。それがクローン羊「ドリー」である。

このクローン羊づくりに用いられた細胞は、六歳まで成長した雌の羊の乳腺の細胞だった。

表1　日本での体細胞クローン牛の実情（農水省）

体細胞クローン牛	571頭誕生
死産	79頭
生後直後の死亡	94頭
病死等	141頭
事故死	9頭
廃用	11頭
試験屠殺	166頭
研究機関で育成・試験中	71頭
受胎中	7頭

その乳腺細胞を試験管内で何世代も培養しつづけた。その乳腺の細胞を、核を取り除いた卵子に入れ、受精卵にあたる「クローン胚」をつくり、それを代理母にあたる他の羊の体内に移植し誕生させた。ドリーには三頭の母羊がいる。体細胞を提供した母羊、卵子を提供した母羊、そして出産した母羊である。そこには父親の姿が見えない。

米国に配慮して結論を急いだ

体細胞クローン技術は、ドリーが誕生した時から、さまざまな論争を呼んできた。生命倫理に反する、という意見がとくに多く出ていた。もっとも大きな問題は、生まれてくる赤ちゃんに異常が多いことである。

農水省は、「家畜クローン研究の現状」を定期的に発表している。二〇〇九年三月末時点での発表で、体細胞クローン牛は五七一頭誕生しているが、そのうち死産が七九頭、生後直後の死亡九四頭、病死等一四一頭で、研究機関で育成・試験中はわずか七一頭にすぎない。惨澹たる状況であり、その原因はよくわかっていない（表1）。

それ以前の問題として、一頭の牛を誕生させるまでに、無数の「体細胞クローン胚」をつくり出さなければならない。それでも苦労して出産までこぎ着けられるケースはごくまれである。やっと誕生させたと思ったら、死産・出産直後の死亡が多く、病気で早く死ぬケースが多いのである。

日本政府が、急いで「クローン家畜は食品として安全」と評価し、作成や流通を承認したのには、理由がある。

二〇〇八年一月、米国ＦＤＡ（食品医薬品局）がクローン家畜は食品として安全だとして、流通を認めた。同年九月には、同局がクローン家畜の子孫がすでに市場に出回っている、と発表した。すでに日本に入っていても不思議ではない状況になった。もし米国産牛肉の中にクローン牛が入っていると、このままでは輸入停止になる。そのような事態が起きないように、承認を急いだというのが本音のようである。ＢＳＥ感染牛が米国で発生した際に、いったん輸入は止まったものの、米国の圧力で早急に輸入停止が解除されたが、その時の経緯と似たものを感じる。

体細胞クローン技術を用いて誕生した家畜は、死産や生後直後の死亡、内臓奇形などの異常が多く、多数の問題点が指摘されている。ましてや、それをミルクや食肉など食品に用いることに対して、生産者や消費者は疑問や強い抵抗感をもっている。にもかかわらず、食品として安全だと評価し、承認したのである。

体細胞クローン家畜に異常が多いのはなぜ？

生物多様性という視点から、体細胞クローン家畜についてみてみよう。初めて誕生した体細胞クローン家畜の羊ドリーには三匹の母親がいたが、父親の姿がなかったと述べた。なぜ私たちには両親がいるのだろうか。そこには私たちの想像力を超えた、うかがい知れない生命の知恵があるように思える。例えば、地球上のすべての人の顔が異なるのは、両親がいるからである。その結果、多様性がもたらされ、病気や異変が起きた際にも全滅しないような仕組みが作られたと考えられる。

体細胞クローン家畜には異常が多い。まともに生まれてくる牛や豚がほとんどいない、といった方が正確かもしれない。なぜ異常が多いかというと、通常の生殖を経ていないからである。通常の生殖を経ないと異常が起きる理由の一つとして、最近「ゲノム・インプリンティング」と呼ばれる現象に注目が集まっている。

その「ゲノム・インプリンティング」とは、どんなものだろうか。受精は、精子と卵子の結合である。受精卵では基本的に、父親からもらった遺伝子と母親からもらった遺伝子の両方が働くことになる。しかし、いくつかの遺伝子は、父親からのものか母親からのものか、どちらかしか働かない。この遺伝子群では実に奇妙な現象が起きる。受精の際、いったん情報が消去された後、どちらの遺伝子が働くのか刷り込まれていくのである。この刷り込みのことをゲノム・インプリンティングという。なぜいったん消去され、改めて刷り込まれていくのかまだその理由は分かっていないものの、環境の変化などに対応して生き残るための知恵ではないかと考えられている。体細胞クローン動物は、生殖を経ないため、この消去され刷り込まれるという現象がないまま、次の世代が作られてしまう。そのため、この遺伝子に異常が多い。それが体細胞クローン動物の異常の多さにつながっていると思われる。受精という、多様性をもたらす出来事は、同時に環境の変化に対応する仕組みでもある。それがないため、異常が多くなるということになる。

余りにも多い、これまでなかったこと

体細胞クローン技術では、その他にも、これまで生命あるものが経験したことがないことが起きている。そのひとつが「ヘテロプラスミー」と呼ばれる現象である。すなわちミトコンドリアの混在である。

細胞には核があり、そこに遺伝子の大半があるが、その他にもミトコンドリアと呼ばれるところにも、わずかながら遺伝子が存在する。ミトコンドリアは細胞の中にあり酸素呼吸を行いエネルギーを生産する小器官である。

そのミトコンドリアにある遺伝子は、母親からしか受け継がれない。人類でも、太古の昔から延々と母親によって受け継がれている。父親からは受け継がれないのである。このミトコンドリアのDNAを読み解きながら、母系をずっとたどっていくことができ、人類の祖先が東アフリカにあるのではないか、と考えられるようになった。

しかし、クローン技術では、体細胞のミトコンドリアと卵子のミトコンドリアが混在することになる。ということは遺伝子も混在することになる。これは、これまで動物が経験したことがないことであり、これから何が起きるか分からない。

体細胞クローン動物の問題点として、以前から指摘されてきていたのが、テロメアの短縮という問題である。テロメアとは、DNAの両端にある結び瘤で、DNAが解けないようにしている部分である。細胞分裂を行った際に、この結び瘤は徐々に短くなり、やがて擦り切れてDNAがバラバラになり、細胞死が起きる。体全体で徐々に細胞死が広がり寿命が尽きていく。そのためテロメアの長さが、寿命の長さと考えられている。

体細胞クローン動物は、例えば六歳の動物の細胞を用いれば、最初からテロメアの長さが六歳の短さになっており、寿命が短かったり、さまざまな病気にも罹りやすいと見られている。ドリーは六歳の雌の羊の体細胞を用いたため、最初から、六歳の細胞年齢だったと見られている。それが若死の原因と考えられる。しかし、このテロメア短縮や寿命の問題も、まだはっきりしたことは分かっていない。

分からないことは、まだある。そのひとつに母体への影響がある。英国学士院のクローン・ワーキング・グループに属し、哺乳動物初期胚発生学を専門とするリチャード・ガードナーは、クローン技術は母体が、絨毛上皮腫瘍に罹患する可能性があると指摘している。絨毛とは、胎盤と子宮壁の接触面にある突起のことで、その表面の細胞で起きるがんのことである。これも通常の生殖によらないため、母親と胚の関係がうまくいかないためと思われる。

粗雑な実験の域を出ていない

バイオテクノロジーは、その名の通り科学ではなく技術である。こうしたらこうなったという、結果重視でやってきた。これは遺伝子組み換え技術でもクローン技術でも同じである。体細胞クローン技術では、体細胞の遺伝子を、受精卵の時のようにすべて働かせるように「初期化」という作業が行われる。というのは体細胞では、受精卵の時のように、体全体を作るために遺伝子がすべて働いていないからである。例えば、皮膚の細胞になる時、心臓を作れという情報がのこっていては都合が悪いからである。

どのように遺伝子をすべて働かせるようにするかというと、血清飢餓培養というものを利用する。血清は細胞分裂を促進するために用いられるが、その量を抑えると細胞分裂が止まり、その時、どうやら初期化したようだということで行ってきた。しかし、実際に初期化したかどうかは、科学的に確認されたわけではない。経験的にどうやらそうなったみたいだ、という程度であり、実は、部分的に初期化していないこともあり得る。

それにしても今回、食品安全委員会が「食品として安全」とした根拠がよく分からない。体細胞クローン家畜には異常が多い。それでも一定期間生き残ると、通常の繁殖技術で誕生した家畜と「健全性で同等」というのが、食品として安全だとする根拠である。

体細胞クローン動物には死産や流産が多く、内臓奇形や巨体児、病気になりやすかったりする異常も多い。だが、そのような家畜は早く死ぬから、生き残ったものは問題ない、というのである。これでは、とても健全とはいえないはずである。また同等とは何だろうか。体細胞クローン技術は、そもそも遺伝的に同じ生命体を作る技術であるから、同等でなければならない。それをあえて同等といいわざるをえないのは、同等ではないからではないか。

食品として安全か否かという問題以前に、生命あるものに対する冒瀆であり、粗雑な実験の域を出ていないとしか言い様がなく、このまま体細胞クローン家畜がつくられ、その子孫が増えていけば、間違いなく生物多様性に重大な脅威をもたらすことになる。

二〇〇九年六月二五日、食品安全委員会は正式に「体細胞クローン家畜は食品として安全」と評価して、諮問した厚労省に答申した。

第３部　生命特許とグリーン・ニューディール政策

第1章　生命特許・遺伝子特許

ＡＢＳ問題の原点

第2部第1章で述べたように、生物多様性条約締約国会議で最大の争点になっているのが、ＡＢＳ問題である。ＡＢＳ（Access and Benefit-Sharing）では「遺伝資源」の扱いが問題となっている。この遺伝資源が脚光を浴びたのは、遺伝子組み換え（ＧＭ）技術などのバイオテクノロジーの登場だった。生物が持つ遺伝子などが資源として脚光を浴びたのである。しかも、生命や遺伝子が特許として認められるようになり、遺伝資源から見つけた遺伝子や、その遺伝子を用いて開発した新品種や医薬品が特許になり、独占的な利益を上げられるようになってきた。

そこで起きたのが、バイオパイラシー、つまり「生物学的海賊行為」である。遺伝資源を保有しているのは、大半が途上国である。その途上国に乗り込み、多国籍企業や先進国が資源を持ち出し、特許にして莫大な利益を上げてきた。しかもその商品を、資源国である途上国にまで売り込んできた。ここでは、そのバイオパイラシーをもたらした、生命特許・遺伝子特許について見ていくことにしよう。

生命に特許を

もともと生命や遺伝子は、特許にならなかった。特許は工業製品の発明品に対して与えられる権利であり、生命体は自然界にあるもので工業製品ではないからである。それを特許にしたのは、米国政府であり、多国籍企業だった。そこには、米国独自の特許制度があったが、その独自の特許制度が世界の基準になりつつある。

それにしても、なぜ先進国は特許戦略、それも生物にかかわる特許を重視するようになったのか。

1、本来、特許にならないはずの「生命体」に特許が認められたこと

2、米国が国家戦略として「特許戦略」をとったこと

3、遺伝子組み換え作物が登場したことで、新品種の特許が重要な意味をもつようになったこと

4、そして将来もっとも有望な戦略産業としてバイオ産業が位置付けられたこと

があげられる。

最初の生命体の特許権から考えてみよう。生命は、工業製品とは違い、自然にあるため、特許制度にはなじまないというのが、長い間の常識だった。作物の新品種開発も、特許ではなく、特許よりもはるかに権利が弱く、範囲も限定されている、植物新品種保護制度で、開発者の権利が保護されてきた。開発者は、ＵＰＯＶ（植物の新品種保護に関する国際同盟）の条約に基づいてつくられた国内法（日本では種苗法がそれに当たる）にそって申請し、認められた。この制度では、特許との二重保護が禁止されていた。

特許権は、作物や魚や家畜のような「生命を扱う」第一次産業にはなく、第二次産業に固有の権利だった。しかし、この論理が米国によって崩されていった。

最初の生命特許は、「チャクラバーティ」と名づけられた石油汚染除去のために改造したバクテリアだった。一九七一年、米ゼネラル・エレクトリック（ＧＥ）社は、開発者の名前を用い「チャクラバーティ」と名づけた石油汚染除去のために改造したバクテリアを、特許庁に申請した。特許庁は従来の方針を貫き、生命体に特許を認めないという理由で却下した。ＧＥ社は納得せず裁判に持ち込み、その結果、一九八〇年六月、連邦最高裁判所は、このチャクラバーティを特許として認める判決を下した。五対四と裁判官の判断は割れたが、多数が支持したことで、生命特許が初めて成立したのである。

一九八五年九月一八日、米特許庁は微生物特許が認められたのを受けて、植物も特許で保護

「生命特許」焼却のパフォーマンスを演じる市民団体（2008年ボンにて）

できるという判断を下した。これはモレキュラー・ジェネティックス社が開発したトリプトファンを多く含んだトウモロコシで、初めて植物も特許法で保護できるという判断を下したのである。

その後、米国では、遺伝子組み換え作物などの植物の新品種保護に関して、一般特許、植物特許、植物新品種保護制度の三つから登録者が選択できるように制度を変えた。日本もまた、一九九〇年代中頃以降、ＵＰＯＶの条約改定を受けて、種苗法が改正され、特許と植物新品種保護制度のどちらを選択してもよくなった。

一九八八年四月、米特許庁は、遺伝子改造マウスも特許として認めた。これはマウスにヒトのがん遺伝子を導入した遺伝子組み換えマウスで、ハーバード大学が開発したことからハーバードマウスともいわれていた。このマウスの特許をめぐり、世界中で論争が起きた。カナダの最高裁は、二〇〇二年末に、このマウスを特許として認めない判決を下した。このことでも分かるように、まだ生命特許は、定まったものではない。

米国の知的所有権戦略

二つ目の米国の特許戦略についてみてみよう。特許は知的所有権のひとつである。知的所有権は知的財産権ともいうが、特許以外に、商標、著作権など人間の知的活動の成果を権利として保護する仕組みである。

米国経済は、七〇年代から八〇年代前半にかけて、日欧の追い上げで相対的に競争力を低下させてきた。そのため、とくにハイテク分野における競争力回復のため打ち出したのが、米国が従来から最も強い分野であった知的所有権を、戦略に位置づけることだった。知的所有権は一九七〇年代まで、世界的にもそれほど重視されてこなかった。日本も例外ではなかった。一九八〇年代に入ると、状況は変わり、この戦略の登場によって、知的所有権の重みが急速に増した。技術がもたらす経済へのインパクトが大きくなったことによる。

レーガン大統領が、一九八七年冒頭の一般教書で知的所有権戦略をさらに強化する方針を打ち出し、具体的な対策を立てていくことが確認された。それを受けて成立したのが、八八年八月に発効した改正包括貿易法であった。この法改正に基づいて関税法も改正された。この包括貿易法改正は米国の保護貿易主義の復活であり、中でも世界が注目したのがスーパー三〇一条といわれるものだった。

この条項は、不公正貿易を慣行としていると判断した国に対して、米国への輸入を止めるなどの制裁を可能にした。このスーパー三〇一条の特許版としてつくられたのが、「スペシャル三〇一条」で、包括貿易法一八二条を指す。この条項は、知的所有権の不備な国を特定し制裁を可能にしたものである。この条項に基づいて調査権を発動でき、制裁を行うことができるようになった。その調査・制裁の権限をもつのが、米国通商部である。世界中が、米国通商部の動きに一喜一憂するようになった。

包括貿易法改正に基づいて改正されたのが、関税法三三七条である。同条項に基づいてＩＴＣ（国際貿易委員会）にその対象製品の通関禁止を求めることができるが、提訴の手続きを簡略化した。それまでは訴える際に、営業上被害を受けていることを立証しなければならなかったが、それが不必要になった。また輸入仮差止めが行われるまで半年以上かかっていたが、それを原則九〇日に短縮した。

この米国の知的所有権戦略をバックアップしてきたのが、一九九五年一月一日に設立されたＷＴＯ（世界貿易機関）である。この新しい国際機関の設立の前年、さまざまな協定が締結された。モロッコのマラケシュで締結されたことから、マラケシュ協定と呼ばれている。知的所有権に関する協定が、ＴＲＩＰｓ協定だった。

このＴＲＩＰｓ協定は、従来、知的所有権の制度が各国ごとの制度であり、バラツキが大きく、また第三世界の中には特許制度そのものを持たない国があることから、新たな世界統一の特許制度にしていこうという理念でつくられた。各国バラバラの対応であったり、特許制度そのものを持たない国があると、貿易の自由化・促進の妨げになる、と考えてのことだった。しかも、もし特許制度が不備だったり、守らなかったりした場合は、制裁や報復ができるようになった。

ＷＴＯの前身のＧＡＴＴ（関税貿易等一般協定）が、紛争処理の手続きが全会一致方式だったため、ほとんど提訴ができなかったのに比べて、ＷＴＯでは、理事会が全員反対しない限り提訴が受け入れられることになり、ほとんどすべてのケースで提訴可能になった。しかも制裁や報復といった対抗策を可能にした。

これによって米国に絶対的に有利な状況がつくられた。というのは、ほとんどの国が、貿易での米国依存度が高いためである。米国との貿易ができなくなれば、自国の産業が立ち行かなくなるからで、そのような状態にあるのは、何も日本だけではない。

ソ連が崩壊した後、米国の一極支配構造が確立されていく中で、ＷＴＯもまた、米国の思うままに動く機関として機能し始めた。そこに、本来特許の対象にはなり得ない、生命が巻き込まれたのである。

遺伝子組み換え作物の特許と種子支配

世界の種子支配の構造は、遺伝子組み換え（GM）作物の登場によって大きく変わってきた。その種子支配の実質的な裏づけも、特許制度にある。特許で植物の権利が保護されることになれば、GM作物開発メーカーにとって、多くの点で有利になる。従来のUPOVの条約に基づく植物新品種保護制度では、できた作物や販売物、苗や種子に権利が及ぶだけだが、特許の場合、範囲は広く加工食品や飼料にも及ぶ。導入する目的遺伝子（例えば除草剤耐性や殺虫性）だけでなく、組み換えの際に用いるプロモーター（目的遺伝子を起動させる遺伝子）なども特許になる。遺伝子組み換えの方法も特許になる。培養の方法も特許になる。もちろんできた作物や収穫物、種子や苗も特許になる。さまざまな角度から特許権を主張でき、特許侵害で訴えることができるからだ。

農家は、種子を購入するが、できた作物から翌年蒔く種子を採取できる。モンサント社は、自社の種子を用いた農家が、黙って自家採種して翌年蒔く可能性があるため、それを防ごうとする。種子購入時に契約を結び、自家採種を認めていない。もし農家が自家採種を行えば契約違反に当たる。そのような農家が出ないか監視している。もし見つかれば、契約料の支払いを求め、もし支払わない場合は、特許権侵害で訴えてきた。

種子や花粉が飛んできて、知らずに作付けしてしまった場合はどうなのか。その場合でも特許侵害になるのだろうか。この場合、農家は、遺伝子組み換え作物などつくりたくなくてもできてしまうのであるから、被害者に当たるはずである。しかし、モンサント社の解釈は異なっていた。それも特許侵害に当たると考えているようだ。それがカナダの農家シュマイザーが、作付けしてもいないGMナタネが自分の畑で自生していたため、同社から訴えられた事件で明らかになった。

モンサント社から、遺伝子組み換え種子を無断で使用したとして訴えられ、裁判を争っている農家は多いが、示談になるケースの方がはるかに多い。裁判で争ったケースとしては、米ミシシッピー州の大豆農家ホーマン・マックファーリングのケースが有名である。モンサント社から無断で除草剤耐性大豆を作付けしていたとして、訴えられた。米最高裁は、マックファーリングの敗訴、モンサントの勝訴の判決を下し、同氏に対して七八万ドル（九三六〇万円）の支払いを命じた。この判決によって、同氏は農業を続けるのが困難になった。

しかし、この判決では三人の判事の内、一人は反対の立場をとった。その理由として、モンサント社との契約に基づいて農家は除草剤耐性大豆を栽培しているが、いまの契約は強者によって一方的な条件を押しつけたものである。二〇〇以上の種子企業がラウンドアップレディ大豆の種子を提供しているが、そのすべての企業が農家に対してモンサント社との契約に合意のサインを求めている。いまや全米の大豆の大半がモンサント社に依存している以上、マックフアーリングのような農家が大豆市場で競争力をもつには、契約に合意のサインを行うしか道は残されていない、というのがその理由である。米国ではすでに、全大豆畑の八〇％がモンサント社の大豆を栽培している。

遺伝子組み換え作物の栽培面積が拡大していけば、必然的に、このような訴訟が増えていくことになる。もし、この日本で作付けされれば、同様の事態が起きないと、誰もいえない。

新たな戦略産業としてのバイオ産業

そして将来もっとも有望な戦略産業に、バイオ産業が位置づけられている点が加わった。すでに耐久消費財などさまざまな産業が行き詰まり、新たな市場として有望な領域がなくなりつつある中で、残された聖域が生命そのものにあるといってもよい。

いまや臓器・組織・細胞そして遺伝子も資源という位置付けで、産業化が進められている。そこからさらにクローン胚やＥＳ細胞（胚性幹細胞）、ｉＰＳ細胞（人工多能性幹細胞）などが作られ、新たな商品の開発や開拓が進められている。米国は一九九一年から国家バイオテクノロジー戦略を打ち出し多額の予算をつけ、バイオ産業育成を推進してきた。その基盤が遺伝子解読（ゲノム解析）であり、それを特許として押さえることで将来の利益を確保しようとしてきた。

あらたな資源、最後の資源として、市場経済の手が生命の内部にまで及んできたことは、原子力と並び、大規模な破滅をもたらす可能性を広めていくことになる。このように生命特許は、いまや先進国や多国籍企業にとって、産業活動に欠かせないものであり、もはやそれが前提になって、動いているのである。

新たな戦略産業としてバイオ産業が位置づけられている、と述べた。そのバイオ産業をさらに活発化しようとしているのが、次に述べるグリーン・ニューディール政策である。

◉生命特許関連の年表

一九七一年	米GE社チャクラバティーが開発した微生物（石油汚染除去の改造微生物）が特許申請される
一九八〇年	米合衆国最高裁判所がチャクラバティーを特許として認める判決（初めての生命特許）
一九八五年	米特許庁、植物特許を認める
一九八七年	米レーガン政権、知的所有権戦略強化政策
一九八八年	八月に改正包括貿易法発効（スペシャル301） 初めての動物特許、ハーバードマウス（がんになりやすく改造したトランスジェニックマウス） ヒトゲノム解析の国際プロジェクト（HUGO・ヒトゲノム機構）始まる
一九九一年	米国が国家バイオテクノロジー戦略打ち出し、遺伝子特許を戦略として掲げる 米NIH（国立衛生研究所）がDNA特許申請（後に取り下げる） UPOV（植物の新品種保護国際同盟）の条約改正

一九九四年	ＷＴＯ（世界貿易機関）設立に向けてマラケシュ協定の中に知的所有権にかかわる協定（ＴＲＩＰｓ協定）
一九九五年	ＷＴＯ（世界貿易機関）設立される
	日米欧三極特許庁協議始まる（特許における国際的ハーモナイゼーション）
一九九六年	英国で体細胞クローン羊ドリー誕生
	遺伝子組み換え作物、米国・カナダで本格的な栽培始まる
一九九八年	米ベンチャー企業のインサイト・ファーマシューティカルズ社が初めての遺伝子特許を取得
	米ベンチャー企業セレーラ・ジェノミクス社できる。ヒトゲノム、イネゲノムの構造解析を猛スピードで進める宣言
	セレーラ旋風で米英仏、ゲノム解析計画前倒し
	アイスランドで国民総遺伝管理のための法律施行
	米国ジェロン社が初めてヒトＥＳ細胞の樹立に成功
一九九九年	日本、国家バイオテクノロジー戦略打ち出す（ゲノム解析に集中投資）
	米欧製薬メーカー一〇社と米欧四大解析機関が共同で「ザ・ＳＮＰｓコンソーシアム」結成
	特許Ｇ７（先進国特許庁長官非公式会議）始まる
二〇〇〇年	セレーラ社がヒトゲノム解析で構造解析終了宣言、ホワイトハウスでヒトゲノム解析終了の儀式
	国立循環器病センターが住民の血液を無断で流用
二〇〇一年	シンジェンタ社、イネゲノム解析で構造解析終了宣言
	六月、日本で人クローン規制法施行
	九月、文科省がヒトＥＳ細胞の樹立及び使用に関する指針

二〇〇三年	HUGOが、ヒトゲノム解析で構造解析終了を宣言
	三〇万人遺伝子バンク計画スタート、血液提供者に対して特許権や経済的利益放棄求める
二〇〇四年	二月、カルタヘナ議定書国内法施行
	一〇月、六カ国研究チームが、人間に遺伝子数二万二〇〇〇程度と発表
二〇〇五年	三月、北海道がGM作物栽培規制条例公布
	中国で違法GMイネ栽培発覚
	新潟県の北陸研究センターでGMイネをめぐり裁判始まる
	GMナタネ全国自生調査始まる
	国家公安委員会、容疑者DNAデータベース運用始める
	韓国でES細胞捏造事件が明るみに出る
二〇〇六年	三〇万人遺伝子バンク計画の個人情報漏洩事件
	この年GM作物の栽培面積一億ヘクタールを超える（GM業界団体が発表）
二〇〇七年	JIGMO（国際反GMO）月間の世界共通テーマに「生命特許」
二〇〇八年	ボンで開催されたCOP9で「ABS」合意ならず

第2章　オバマ政権とバイオ燃料

オバマ政権と新農務長官

二〇〇九年初め、米国『スター・トリビューン』紙が「なぜこの経済の衰退期にモンサント社だけが大幅に利益を増やしたのか」という見出しで、同社の現状を伝えた。それによると、二〇〇八年一〇月からの四半期で五億五六〇〇万ドルも利益を増やしたという。同社の株価も一九％上昇して八七・〇五ドルとなった。世界の種子を支配する戦略が効を奏し始めてきたことが、同社繁栄の要因となったようだ。

現在モンサント社は、世界の種子の約二〇％を支配し、モンスターと呼ばれるまでになった。そのモンサント社を筆頭に、世界の食糧生産自体が、同社など多国籍企業から種子を買わざるを得ない仕組みに変わってきた。

その象徴が韓国である。同国ではすでに種子企業主要六社すべてが多国籍企業によって買収されたといわれている（『日本農業新聞』二〇〇八年一二月九日号）。日本の種子企業買収も進んでおり、とくにモンサント社の動きが活発である。このモンサント社の種子支配・食糧支配戦略を強く支えることになりそうなのが、オバマ政権で新農務長官となった元アイオワ州知事トム・ヴィルサックである。同長官は、バイオテクノロジー推進、バイオ燃料推進を掲げてきた人物である。「モンサントの友人」ともいわれ、ＧＭ作物を広げ、アイオワ州を一大ＧＭ作物作付け地帯に押し上げた。また、バイオ燃料を推進し、穀物価格高騰を引き起こした人物の一人である。その結果、穀物メジャーやモンサント社は巨額の利益を得た。

オバマ新政権は、経済活性化の柱として、「グリーン・ニューディール」政策を公約として掲げている。環境問題で経済を活性化させようというものである。その政策の柱のひとつがバイオ燃料（生物からつくる燃料）であり、とくに力を入れることになりそうなのが、第二世代と呼ばれるセルロース型のバイオ燃料である。セルロース型とは、竹や笹、雑草、紙、廃材などの繊維から取り出すバイオエタノールのことである。食糧とバッティングしないため、次世代型の燃料として期待されている。しかし、生産効率が悪いため、生産性向上のために遺伝子組み換え（ＧＭ）技術が用いられる。すでにエタノール生産効率の高いＧＭ作物が多数開発されたり、繊維の分解を促進するＧＭ微生物などが開発され、バイオテクノロジー推進の柱になりつつある。

ではいったい、バイオ燃料とはいかなるものだろうか。

大阪府堺市にあるバイオエタノール製造工場

温暖化対策として持ち上げられる

バイオ燃料がブームとなり、その後批判にさらされ、ＥＵなどいくつかの国では生産を抑えるなど、見直しが進んでいる。なぜブームになり持ち上げられたり、批判を受けたりしたのだろうか。

持ち上げられた理由のひとつが、二〇〇八年北海道洞爺湖サミットなどで地球温暖化対策が政治焦点化したことから、その対策の切り札的存在として取り上げられたことにある。バイオ燃料も化石燃料と同様、燃やせば二酸化炭素は排出する。しかし、二酸化炭素を排出する一方ではなく、植物が成長する際に炭素を吸収するため、炭素の収支がバランスする「カーボン・ニュートラル」であると評価され、温暖化対策の切り札としてもてはやされた。しかも化石燃料はやがて枯渇するが、バイオ燃料は畑で作るため毎年生み出すことができることから「持続可能な燃料」であると評価されたことも、もうひとつの理由である。各国とも積極的に取り入れる姿勢を示したことから開発が進み、生産量が増大した。

しかし、その原料がトウモロコシやサトウキビなどであることから、食料と競合し、穀物価格高騰のひとつの要因となり、食糧危機を招いたと批判にさらされた。米国ではトウモロコシの約二割が燃料に回されている。もちろん史上最高値をもたらした昨今の穀物価格高騰の要因は、バイオ燃料よりも投機マネーの方が大きいといえるが、少なくともそのきっかけになったことは間違いない。

その後もこの燃料をめぐって、さまざまな論争が起きている。例えば、本当に温暖化対策になるのか、食料と競合しない第二世代バイオ燃料の評価はどうか、などである。そのようにさまざまな評価にさらされたバイオ燃料とは何であり、現在どのような状況にあるのかを見ていくことにしよう。

バイオ燃料とは？

バイオ燃料とは、いったい何だろうか、またどんな問題点があるのだろうか。バイオ燃料は、現在、主に二種類がつくられている。バイオエタノールとバイオディーゼルで、現在は九割がエタノールである。その他にもメタノールとブタノールがあるが、メタノールは毒性があるとして敬遠され、ブタノールはまだ開発途上である。

バイオエタノールはアルコールであり、お酒と同じである。ただしアルコール分を九五％以上にしている。原料は、主にトウモロコシとサトウキビが使われている。もともと米国でフォードが自動車を開発した当初、燃料にエタノールが用いられていたが、やがて安いガソリンに取って代わられた。

バイオディーゼルは食用油と同じである。ただし食用油は発火点が高く、粘度が大きいため、発火点を下げて粘度を下げて用いている。原料は主にナタネ、大豆、パームヤシが使われている。ディーゼル機関が作られた当初は、食用油が燃料に用いられていた。それがやはり安い軽油に取って代わられた。

このように昔から使われている燃料であり、けっして新しいものではないが、石油というスーパースターが登場して撤退したのである。現在、バイオ燃料製造に用いられる原料は、すべて食料や飼料とバッティングしており、食料が品薄になり価格が上昇した。そこにさらにオイルマネーが投機マネーになって流入し、さらに価格を押し上げた結果、トウモロコシなど穀物価格が相次いで史上最高値をつけ、主食の価格が高騰したメキシコなどで大規模な抗議行動が起き、社会問題化していった。

現在、バイオ燃料の二大生産国は米国とブラジルである。ＦＡＯ（世界食糧農業機関）によると、二〇〇七年のバイオエタノールの推定生産量は六二〇〇万klで、米国が四四％、ブラジルが三一％を占め、両国で七五％になる。しかし、輸出となるとブラジルの独擅場で、米国も輸入国でありブラジルから購入している。

最大の生産国である米国では、主にトウモロコシからエタノールが作られている。生産の主役は当初は、ＡＤＭ（アーチャー・ダニエル・ミッドランド）社などの穀物メジャーだったが、最近ではトウモロコシ生産農家を中心に組織された「新世代農協」が参入し、勢力を拡大している。

ブラジルではサトウキビを用いてエタノールが作られているが、そのサトウキビ畑の広がりに大豆畑の拡大が加わり、さらに建築用途などでの伐採や肉牛生産用牧場開発も重なって、競って熱帯雨林を浸食し、むしろ温暖化促進の役割を果たし、地球環境に大きなダメージをもたらしつつある。

マレーシアとインドネシアではパーム油（パームヤシから作られる油）が生産され、その優れた商品性が、アグリビジネスによる開発を加速させ、熱帯雨林を破壊しプランテーションを広げ、先住民の土地を収奪するなど、多くの問題を引き起こしている。

ヨーロッパはバイオディーゼルが大半で、その八割がナタネを原料にしている。日本ではナタネというと食用油を思い浮かべる方が多いと思うが、ヨーロッパでは燃料に用いられている。最近は、食料と競合するということで、ＥＵも抑制に転じ始めた。同じく抑制に動きだしたのが中国で、非穀物原料のキャッサバ、サツマイモ、スイートソルガム、セルロース系にシフトを転換し、食料と競合する作物を用いることは控え始めた。

このように生産を拡大し続ける米国・ブラジルに対して、その他の国では抑制に転じたところが増えている。

日本での取り組み

日本でも二〇〇七年四月二七日から、バイオエタノールを三％含んだガソリンの販売が始まった。しかし、これはＥＴＢＥ（エチル・ターシャリー・ブチル・エーテル）という化学物質を添加したもので、エタノールにイソブチレンを反応させてつくりだしたものである。このＥＴＢＥはもともと米国で一酸化炭素対策として添加されてきたもので、バイオエタノール分としては三％が限度である。

環境省は、バイオエタノールを直接ガソリンスタンドなどで混合するＥ３（バイオエタノール三％添加）を目指し、将来的には混合の割合をＥ10（バイオエタノール一〇％添加）、さらにはそれ以上にすることを目標にしてきた。だがそれだと石油業界は市場を奪われることになり、ＥＴＢＥ添加を行ったことから、政府と業界の間で方針にずれが生じた。

日本はまだ、最近になってやっとバイオ燃料に取り組み始めたばかりである。そのため、二〇〇八年でも、数百klとごくわずかな生産量にとどまっている。そのため、京都議定書の二酸化炭素削減の数値目標に到底及ばないだけでなく、結局作られた燃料を輸入するしかない。ETBE製造のためのエタノールの原料にはフランス産小麦が使われた。東京都が一部のバスの燃料にバイオディーゼルを添加したが、この原料もマレーシア産パームヤシである。またブラジルから二二・五万kl（二〇〇六年）輸入しており、これは同国への依存度としては、米国、オランダに次ぐものである。

日本でつくられたバイオ燃料製造工場として注目されたのが、バイオエタノール・ジャパン関西堺工場である。同工場は廃材からエタノールをつくる、食料と競合しない第二世代型の工場である。工場をつくるのに四〇億円ほどかかったが、基本となる施設の半分を環境省が補助している。一リットル一〇〇円で販売したとしても、四〇億円の売り上げを上げるためには四万klつくる必要がある。製品タンクは大変に小さい。自動車用燃料が入っているとは思えないほどだ。それもそのはずである、生産量の目標が当面一四〇〇kl／年であるから、とてもかかった費用を回収できるレベルではない。それどころか、日常的な経費を捻出するのも難しそうである。

では、どのようにして収入を得ているのか。実は建築廃材を受け入れることが、「産業廃棄物受け入れ」となり、それによる収入が主なものになっている。また発酵に用いる大腸菌の栄養源となっている「おから」も産業廃棄物受け入れとなり、補助金が入ってくる。巨額な設備投資とわずかな生産量、環境省に支えられ、補助金に依存する体質だ。これがバイオ燃料工場の実態である。

コメを用いたバイオエタノール生産も行われている。新潟県で生産された燃料用コメの価格は、一kg当たりわずか三〇円である。農家は大赤字を覚悟しなければならず、とても作る意欲がわく価格ではない。しかも、日本の農耕地のすべてでコメをつくり、それをすべて燃料に回しても、わずか七五〇万klのバイオエタノールしか生産できない。トウモロコシでも一〇〇〇万klである。現在日本で自動車が消費している燃料は、ガソリン、軽油を合わせて年間で約一億klであり、わずか一〇%をまかなう程度である。

バイオ燃料は、極めて効率の悪い代物である。そのため国内生産でまかなうことは不可能であり、世界的には途上国の食料を先進国の自動車燃料が奪うことになり、最終的には、ブラジル、マレーシア、インドネシアのように、熱帯雨林破壊をもたらす大規模なプランテーションに依存せざるを得ない。

なぜブームが起きたのか？

バイオ燃料がブームになった最大の理由が、米国のエネルギー・食料戦略にある。米国では、石油の国内生産量が減少し、逆に消費量が増え、輸入量が年々増加し、しかも輸入先での中東への依存度が増していることに危機感が強まっていた。こうして脱石油、脱中東へ向けた動きが加速した。

ブッシュ前大統領は二〇〇七年年頭の一般教書で、ガソリンの使用量を一〇年間で二〇％削減する方針を打ち出した。しかし、経済は拡大基調を維持することからバイオ燃料への依存度を増やすことでその目標を達成させようとしている。そのため二〇二二年にはバイオ燃料を三六〇億ガロン（一億三六二六万kl）つくり、その内二一〇億ガロン（七九四九万kl）をトウモロコシ以外とし、さらにその内一六〇億ガロン（六〇五六万kl）をセルロース系とする、とした。

二〇〇七年二月、米国エネルギー省は、セルロース系エタノール開発にかかわる六つのプロジェクトに四年間で三億八五〇〇万ドルの助成を与える決定を行った。こうして第二世代開発が活発になっている。

この間のバイオ燃料ブームで最も利益を上げている企業が、穀物の流通を担っているＡＤＭ社やカーギル社といった穀物メジャーと、遺伝子組み換え種子を独占しているモンサント社である。穀物価格の高騰は、穀物メジャーに空前の利益をもたらしつつある。とくにＡＤＭ社はバイオ燃料工場の最大の所有者であり、ブッシュ政権に対してバイオ燃料推進を強力にブッシュしてきた企業である。

バイオ燃料の原料となっているトウモロコシなどで遺伝子組み換え種子の割合が増えつづけ

ており、その種子の大半が米国モンサント社のものである。モンサント社も空前の利益をあげている。それに対して世界中の消費者が食品価格高騰に苦しんだ。

また国別で見ても、穀物価格高騰で利益を得たのが穀物輸出国であり、被害を受けたのが輸入国である。現在、穀物輸出国は、米国、ＥＵ、オーストラリアといった先進国であり、輸入国は途上国が中心である。

なぜ多くの途上国が輸入国になったのかというと、多額の債務に苦しめられてきたからである。そのため世界銀行やＩＭＦから資金を借りてきたが、その際、食料の貿易関税率の引き下げを求められた。関税が引き下げられるや、米国などから安い穀物がドーッと入ってきて、その国の食料生産は大打撃を受けた。米国は、穀物輸出を促進するため、多数の補助金を給付し、意図的に価格が引き下げられ、ダンピング輸出を行っている。その結果米国などから食料を買う仕組みが定着し、主食までも輸入に依存するようになってしまった。そこに訪れた今回の穀物価格高騰である。食料が買えない人々が増え、飢餓が広がった。これが現在、途上国で起きている食糧危機の典型的なパターンである。

バイオ燃料は環境を破壊する？

では本当にバイオ燃料は巷間いわれているように環境にやさしいのだろうか。バイオ燃料も二酸化炭素は排出する。しかし、化石燃料のように二酸化炭素を排出するだけではなく、植物が成長する際に炭素を吸収するため、カーボン・ニュートラルであると評価されていることは、すでに述べた。

しかし、バイオ燃料を作る際に化石燃料が大量に使われる。肥料や農薬を製造したり、農業機械を動かしたり、地下水を汲み上げたりするのに石油が用いられる。米国でトウモロコシを原料にしてバイオエタノールを製造する場合、一・一〜一・五リットルのバイオ燃料を作るために、一リットルの石油が使われると計算されている。二酸化炭素の収支がバランスするわけではない。

また、ブラジルでは作物の畑を開墾するために熱帯雨林が伐採されていると述べたが、それ以外でもインドネシアとマレーシアでパームヤシのプランテーションが広がり、熱帯雨林の破壊が進んでいる。

地球環境によいと喧伝されているバイオ燃料が、実は環境破壊の主役になりつつある現実がある。二酸化炭素を固定してくれる熱帯雨林が破壊されれば、その分、温室効果ガスは増える。現在のバイオ燃料の増大は、食料を奪い、環境を破壊し、一部の企業に利益をもたらすだけのものになっている。

そのような批判を受けて、各国政府はいま、第二世代バイオ燃料開発に向けて動いている。次に、その第二世代バイオ燃料について見ていくことにしよう。

第二世代バイオ燃料

グリーン・ニューディール政策では、バイオ燃料の本命は「第二世代」である。その第二世代への移行で用いられる原料が、セルロース系である。廃材や笹、竹、古紙、トウモロコシの葉や茎などの繊維分を利用する方法である。現在は、セルロース系の原料を用いたバイオエタノール生産は、セルロースを分解する費用が上乗せされる分、コスト高で、とても作物に太刀打ちできない。そこで各国で技術開発が競争になっている。その技術開発の主役が遺伝子組み換え（ＧＭ）技術である。

現在、大規模にセルロースからバイオ燃料を生産しているのは、パルプの廃液からつくっているロシアくらいである。セルロースはグルコース（糖）が結合してできている。そのセルロースを分解するのに、ロシアやバイオエタノール・ジャパン関西堺工場のプラントでは希硫酸が使われているが、それではプラントを腐食したり、環境中に有害物質を排出する可能性が強いため、とても環境保護型とはいえない。そこで、セルロースを分解する酵素のセルラーゼを用いる方法が開発されている。

セルラーゼは、カビや細菌などがもつ繊維を分解する酵素で、例えば木の繊維分を分解するシロアリは、消化管内に共生する細菌がこの役割を負っている。そのような分解能力の高いカビや細菌などを遺伝子組み換えで改造して、より能力をアップする試みが行われている。しかし、強力になればなるほど、環境中に漏れ出た場合のリスクは高くなる。シロアリの分解力をもった生物が増え、家や森などを襲うことになる。

さらにセルロースが分解してできた糖質を早く発酵させて、エタノール生産の効率を早めるために、発酵を促進する酵母や細菌の開発も、ＧＭ技術を用いて進められている。焦点は、どれだけ効率よくセルロースを分解し、どれだけ効率よく発酵して糖をエタノールに転換できるかにかかっているが、第二世代の場合、とくに前者がポイントになる。

それに加えてもうひとつ、ＧＭ樹木の開発が行われている。日本でも独立行政法人・林木育種センターが、ＧＭポプラの野外での栽培試験を始めたが、この樹木はコウジカビ由来の遺伝子を導入してセルロース含有量を増やしたもので、これまでの試験でセルロース含量が約一〇％増加、比重も約一六％増加したという。しかし、樹木はそこで何十年、何百年にわたって花粉をまき続ける。環境への影響は作物の比ではない。

このように生産の効率化を図るために、ＧＭ技術での生命体の改造が活発になっている。各国で技術開発競争になっているが、その競争が新たな環境汚染を引き起こす可能性があることから、国際科学者グループが、二〇〇八年一〇月三日発行の『サイエンス』誌上で「第二世代バイオ燃料の環境政策の確立」を求める提言を行った。

今後の動向を見てみよう。石油産業とアグリビジネスが相互参入して「バイオ燃料産業」が誕生しつつある。例えば、穀物メジャーのＡＤＭ社は、石油メジャーと提携して、「バイオ原油」生産に乗り出そうとしている。原油と同じような成分にすることで、既存の石油プラントが使えるメリットがある。また、石油メジャーのＢＰ社が軸となって、バイオブタノールの開発に乗り出している。ブタノールが注目されているのは、エタノールに比べてエネルギー密度が高い点にあり、少量で自動車や航空機を動かすことができる。

小規模で行うことが大切

いま滋賀県から出発した菜の花プロジェクトが全国に広がり、景観と実用をかねてナタネの作付けが広がっている。そこから得られたナタネを用いてバイオディーゼルを作ったり、近所の人から廃油の提供を受けてディーゼルを作る人たちが増えている。このような取り組みは、費用もかからず、環境にもやさしく、安く燃料を提供できる。

廃食用油からバイオディーゼルをつくり、ゴミ収集車などの自動車を走らせる事例が、京都市や滋賀県甲賀市など自治体を中心に広がっている。このような取り組みを展開している自治体が指摘する問題点として、バイオディーゼル製造装置の能力に比して、集まってくる廃食用油の少なさが上げられる。最大の課題は、レストランや各家庭などから出る廃食用油の収集にあるといっても過言ではなく、原料不足に悩んでいるのである。もっと多くの家庭から提供してもらいたいものの、多くなれば多くなったで別の問題が生じてくる。例えば、動物油が増えたり、食用油とは異なり、ジアシルグリセロールを主成分としているエコナのようなものまで一緒に出されると、それだけで原料の品質が落ちてしまう。これは生ゴミを収集して堆肥を作る際にも問題になってくることだが、家庭によって取り扱いがバラバラであるため、どうしても大規模化すると品質の低下が起きてしまう。今後、徐々に適正規模が分かってくるのではないかと思われる。

二〇〇八年一〇月三一日、米国バイオエタノール企業最大手のひとつ、ベラサン・エナジー社が倒産した。原料となるトウモロコシ価格の高騰が、その最大の原因だと伝えられている。このように規模を大きくし、原料を大規模に収集すると、国際的な原料確保や価格競争にさらされることになる。しかし、廃食用油を原料として、地域で取り組めば、そのような影響にさらされることもない。米子市のように障害者自立支援の一環として、廃食用油からバイオディーゼルづくりを進めているところもある。もともとバイオ燃料は、地域で取り組み、草の根で広がってきたのである。

このように草の根で広がり高く評価されてきたバイオ燃料が、エネルギー戦略の中心に位置づけられ、規模拡大が行われ、市場経済にさらされることで、性質が一変した。ひとつの作物をめぐって燃料・食料・飼料の奪い合いが起き、途上国の食料を先進国のエネルギー利用が奪うことになった。新たな農地の開発のため熱帯雨林の伐採が進み、地下水の過剰な汲み上げなどで環境が破壊されていく。さらに遺伝子組み換え作物の栽培面積が拡大していくことで、花粉の飛散や落ちこぼれ種子により、環境や食品の汚染が広がっている。

小規模な段階では、作るのも簡単であり悪い影響はほとんどない。スケールメリットがないため、ごく一部の利用にとどまるが、そのかわり廃棄物や廃水の処理にかかる費用などもほとんど必要としない。現在のガソリンや軽油にかせられている税金で優遇措置があれば、十分に太刀打ちできる。このような取り組みが各地で広がり、エネルギーが地産地消できるようになることが、大切である。それこそが未来の環境と共生するエネルギー生産のありかただといえる。それは中央管理型でも、巨大集中型でもなく、分散型である。単一のものではなく、多様性を大切にする在り方である。専門家によるものではなく民衆的なもので、化石燃料多消費型ではなく、再生可能で持続可能な方法を用いる。自然を支配するのではなく、自然と共生するものである。

これまで日本などの先進国のほとんどが、公共交通機関を減らし、道路や橋、トンネルといった土建工事を税金を使って行い、自動車に便宜を図ってきた。電車などの交通機関は自前で線路を敷かなければならず、その分を運賃に上乗せしてきた。しかし、道路は自動車メーカーがつくるのではなく税金でつくられてきた。その結果、自動車を使った方が安くなり、路面電車がなくなり、ローカル線が廃止され、自動車社会が出現した。

これからは反対の方向に舵を切り換えていく必要がある。公共交通機関を優遇し、道路で自動車が走れる部分を減らし、自転車専用部分をつくり、歩行者を優遇していくことで自動車の総走行距離を減少に転じることができる。

環境を破壊している元凶は、現在の拡大を前提としている経済活動にある。拡大を前提にすれば、バイオ燃料や水素、原子力など大規模な代替燃料に依存し、新たな環境破壊を招きかねない。バイオ燃料を三％混合しても二酸化炭素を三％削減できないが、自動車の総走行距離を三％減らせば削減できる。環境を守るためには、肥大化したこの経済活動を縮小することで容易に二酸化炭素は削減できる。環境を第一と考えるならば、価値観の転換が求められているといえる。

やがて枯渇することがない再生可能なエネルギーで、しかも環境に悪い影響が少ない、自然エネルギーの比率を増やしていかなければ、地球の将来は危ないといえる。しかし、単にその自然エネルギーの比率を増やせばよいというのではなく、全体の消費量を減少に転じさせることが大切である。

自然エネルギーも、大量生産し、巨大化すれば負に転じる。分散して小規模で、多様な自然エネルギーを組み合わせ、しかも地域で生産して、地域で消費することが大切である。遠方で発電して送電線での輸送距離が長いと、その間、電磁波となって失われる量は多く、電磁波公害をまき散らすことになる。

第3章　グリーン・ニューディール政策と地球環境

すり替えの論理

地球的規模で取り組むべき環境問題として、一九八〇年代、六つのテーマが同時に提起された。温暖化、熱帯雨林破壊、酸性雨、オゾン層破壊、飢餓・砂漠化、そして放射能汚染である。いち早く取り組まれたのが、オゾン層破壊であった。それは、現在先進国の多くが、白人が政権の中枢を担う国が多いからである。オゾン層が破壊されると紫外線が増えるが、最初に影響を受けるのは白人だと考えられているからである。

当初、地球環境問題のひとつに放射能汚染が入っていた。一九八六年にチェルノブイリ原発事故が発生し、地球的規模で汚染を引き起こしたことから、この放射能汚染がクローズアップされたが、日本政府は最初から除外した。日本政府にとって、この放射能汚染の除外は重要な意味をもっていた。それは、現在もなお日本政府が、温暖化対策の切り札として原発を持ち上げていることでも分かるであろう。

私にとっても、地球温暖化問題との出会いは、あまりよいものではなかった。一九八八年秋のことである。チェルノブイリ原発事故の余波もあって、多数の大学祭企画で、原発問題で論争が組まれた。私も、いくつかの大学に呼ばれ、推進派の人たちと論争した。その時、林幸秀・科学技術庁（当時）原子力調査室長や、中村政雄・読売新聞論説委員などの口から、相次いで「地球温暖化対策が重要だ」という言葉が、いきなり出てきたのである。その時の彼等の言い分は概略次のようなものだった。

「化石燃料の使用によって二酸化炭素が増加し、その温室効果によって異常気象が起きている。いまや地球環境問題は切迫した課題となり、エネルギー問題の最も重要な柱はこの環境問題にある。二酸化炭素の排出量が最も多いのは火力発電所であり、それを止めるのが一番だが、波力や風力、太陽光発電は現実には代替エネルギーにならない。そこでいまは原発を推進するしかない。将来は核融合が中心になると思われるが、それまでのつなぎに原発を推進することは子孫のために意義のあることである。

また、熱帯雨林の伐採が進んでいるが、世界の人口の半分がまだ薪を使っている。それを変えさせるためには彼等に化石燃料を使ってもらい、先進国は原子力を使うべきだ」。

地球環境問題で最も有効な対策が、原発だというのである。この論理は、二〇〇七年末にインドネシアのバリ島で開かれたＣＯＰ13（第一三回国連気候変動枠組条約締約国会議）でも、先進国政府が代替策として提案している。環境保護が原発推進では、放射能汚染は入れられない。

　このようなすり替えの論理は、原発以外にも登場している。一九八〇年代後半、レーガン、ブッシュ（父）共和党政権時代、米国は、地球温暖化対策を取らないという諸外国の批判をかわすために、「温暖化の最大の原因は、熱帯雨林の破壊にある」と主張したことがある。責任を米国ではなく途上国にすり替える論理である。とくにブラジルの熱帯雨林破壊にターゲットをしぼって攻撃した。そして熱帯雨林保護のため活動していたジコ・メンデスを英雄に仕立て上げていった。彼の活動は大変立派なものだったが、英雄にしたのは米国の戦略だった。その結果、彼はアマゾンの英雄になり、ノーベル平和賞まで受賞したが、彼ひとりが目立ったことから、農場経営者によって殺されてしまった。

　彼を殺したのは、米国政府だといっても過言ではない。米国が熱帯雨林問題に熱心でないことは、熱帯雨林保護などを目的につくられた、生物多様性条約を締結していないことでも明らかであろう。

環境保護の旗手が投下した劣化ウラン弾

　地球温暖化問題がクローズアップされると同時に、ゴア元米副大統領が環境保護の旗手になった。そのゴアが政権の中枢にいた民主党クリントン政権時代に、米国は何を行っただろうか。大規模な環境破壊行為だけでも多数ある。その代表がバルカン戦争とイラク空爆である。戦争は大量殺人行為であると同時に、最大の環境破壊でもある。空爆などによって環境を壊しつづけた人物が、環境に優しい人物に突然変身しても、信用できないことはいうまでもない。

クリントン＝ゴア政権は、二度にわたって旧ユーゴを空爆した。一九九四年八月から始まったボスニア・ヘルツェゴビナへの空爆と、一九九九年三月から始まったセルビアへの空爆である。

このバルカン戦争で米軍は、実に約一〇トンもの劣化ウランを主に三〇ミリ機関砲弾に用いたのである。戦争で直接人々を苦しめただけでなく、劣化ウランによる影響によって、その後何年にもわたり多くの人々の健康を破壊しつづけたのである。この面では、ゴアは、放射能汚染をもたらした、環境破壊者である。

一九九八年一二月一七日から四日間、米英軍が巡航ミサイル・トマホークなどを用いて、イラク空爆を行った。砂漠の狐作戦と名づけられたこのイラク攻撃によって、多くの人が死亡し、環境が破壊された。この攻撃は、国連の大量破壊兵器破棄特別委員会による査察を拒否したことに対する報復として行われた。この空爆が、その後のブッシュ政権によるイラク侵略への道筋を切り開いたといっても過言ではない。

このような戦争と環境破壊が、ノーベル平和賞につながるとすると、平和とはいったい何なのだろうか。

カネで環境を買う思想

では温暖化問題については、ゴア元副大統領はきちんと対応してきたのであろうか。それに対しても「ノー」といわざるを得ない。ゴアは、炭素取引き市場の提案者である。炭素税は経済的な不利益をもたらすが、炭素取引きは利益をもたらすからよいのだ、というのである。「市場経済」で環境問題を解決しようというのが彼の思想である。しかも彼は、この炭素取引きを国連気候変動枠組条約締約国京都会議（ＣＯＰ３）で提起したのである。現在、世の中を最も根底で腐らせているのが、市場経済である。環境破壊も例外ではない。環境破壊を引き起こしている市場経済の論理を、環境問題の解決に用いるというのであるから、解決に向かうはずがない。

地球温暖化対策では、二酸化炭素排出で厳しい規制の網をかけると、先進国の経済活動が制約を受けることになる、という懸念が一部の先進国から出されつづけた。京都会議の中で、その対応策として登場したのが、ゴアが提起した二酸化炭素の排出権を取引きする考え方である。この排出権取引きは、ヨーロッパ連合を除く九カ国（米国、日本、オーストラリア、ロシア、カナダなど）によって提案された。二酸化炭素を大量に排出している米国や日本などの国、あるいは企業が、排出に余裕のあるロシアなどの国、あるいは企業から排出する権利を購入できるようにする、という考え方である。経済活動に制約を受けるのを嫌った国と、排出権を売ることで外貨獲得が可能になると考えた国の思惑が一致して提案された。当時、市場規模は二〇兆円に達すると試算され、一大経済活動として位置づけられた。

この排出権取引きは、植林を行うことで、二酸化炭素を削減するような活動も含まれている。例えば、ロイヤル・ダッチ・シェルは、チリ、ニュージーランドなどに広大な土地を購入し、植林を行っている。この森林用地購入によって、自社に課せられる二酸化炭素削減義務を相殺できる上に、余剰の権利を他社に売ることができる。しかも、その植林で育った森林資源を用いて、自然エネルギーの一つであるバイオマス発電を行い、化石燃料に代わる新規事業を展開することもできる、というのである。

排出権取引きに熱心な企業は、いずれも大規模な二酸化炭素排出源をもつ企業であり、自らは排出を抑制せず、カネで権利を買い、あわよくばビジネスチャンスを広げようとしている。大国や大企業主導によって、環境もまた、カネによって取引きされるようになってしまった。その先鞭をつけたのがゴアである。

代替エネルギーは環境破壊を加速する

先進国政府によって排出権取引きと並び、温暖化対策として提起されているのが、代替エネルギーや技術的解決策である。

中には、海底や地下深く二酸化炭素を封じ込めるといった奇抜な案も提起されている。かつて処分の困っている高レベル放射性廃棄物を、ロケットを使って宇宙に捨てるというアイデアが出されたことがあるが、それに類似したものといえる。現在、もっとも注目されている代替エネルギーが、すでに述べたバイオ燃料である。

風車も巨大化し、量産化されると低周波公害など深刻な問題を引き起こす

グリーン・ニューディール政策の基本は、「環境配慮型」の新商品開発と巨大システム化による、経済活性化である。力点は、経済活性化に置かれている。いまの社会は、大量生産・大量流通・大量消費・大量廃棄が限界に達したところにいる。そこに生物多様性や環境が破壊されている根源的な原因がある。それは経済優先・企業優先の姿勢がもたらしてきたもので

ある。その構造はそのままにして、さらに新たな経済活性効果を狙ったものであり、けっして環境をよくしようというものではない。

もっとも大事なことは、大量浪費社会からの脱却である。原子力の原料であるウラン、火力発電所の原料である石油・石炭・天然ガスなどの化石燃料は、使えば資源は必ず枯渇して行く。現在のように大量に浪費して行けば、たちまち失われてしまう。それに加えて、原子力は放射能汚染をもたらし、いったん事故を引き起こすと地球規模での環境汚染となる。化石燃料は酸性雨や温暖化などをもたらし、大規模な水力発電所は生態系に致命的なダメージをもたらしてきた。

自動車用途のバイオ燃料開発とともに、太陽光や風力発電が量産体制に入り、建設が進められている。

それらの自然エネルギー利用にしても、巨大システム化すれば負に転じる。例えば、太陽光発電が盛んになっているが、この発電システムが寿命に達した時に、膨大な始末に負えないゴミが発生する。風力発電も、巨大化し広がったために低周波公害などの健康被害拡大を招いている。

小規模で、環境との共生を考えながら建設されている時は「良い技術」だったのに、巨大化・量産化が図られるとともに「悪い技術」に転じてしまう。技術とは、以前からこのようなものであった。

危険な水素利用計画

さらに、次のステップとして水素利用が計画されている。

二〇〇三年冒頭、米国ブッシュ前大統領は「水素時代の到来」をぶち上げた。日本でも政府は、水素時代に期待を示しており、いよいよ水素が次世代のエネルギー資源として実用化が図られようとしている。この水素時代の目玉商品が、燃料電池である。燃料電池を用いた車は、ハイブリッド車、フレックス車と並んで、いまやモーター・ショーでも主役になりつつある。

水素はクリーンなエネルギーであり、燃料電池車は、環境に配慮した自動車として脚光を浴びている。燃料電池は、ちょうど水の電気分解を逆にした原理を用いている。水は酸素と水素からできている。燃料電池では、水素と空気（酸素を含む）を供給し、電気分解と反対の反応が起きる際に作られる電子の流れを利用して走ることになる。排気ガスの代りに水が排出されるため、理想の自動車といわれてきた。しかし、環境に配慮しているのは排気ガスだけであって、その他の点では、さまざまな問題点を抱えている。

水素は最も軽い元素である。自動車のように大量に用いるためには、貯蔵が難しくなる。圧縮して用いるには、液体水素が一番だが、マイナス二五三度Ｃで冷やしつづけなければならない。そのエネルギーに電気を用いれば、その電気を用いて自動車を動かした方が効率的である。

水素は爆発反応を起こすため、取り扱いに注意が必要である。しかも水素は、最も小さな分子であるため、金属の割れ目にどんどん入っていって、金属を脆くするため、輸送と貯蔵が大変難しい。

現在は主に、水素吸蔵合金を用いて、高圧で封じ込めている。高圧を用いるため、もし交通事故が起き水素が噴出すると、大惨事となる可能性がある。しかも水素吸蔵合金は、重量があるため使いこなすのが容易ではない。現在は、バナジウム、マグネシウム、パラジウムなどの合金が用いられているが、希土類元素（まれな鉱物から得られる元素）など高価な金属を含むものが多く、資源の浪費でもあり、合金製造工程で深刻な環境汚染が起きる可能性がある。

その上、大量の水素をどのようにつくるかが問題である。もっともポピュラーなのが、水の電気分解だが、その電気はどのようにしてつくり出すのか。水素をつくる過程で、化石燃料が大量に用いられたのでは、意味がない。

いま水素は、主に石炭かコークスを水蒸気と反応させた水性ガスからつくられるか、天然ガスや石油をやはり水蒸気などで反応させてつくられる。結局、化石燃料を用いないと安く大量にはできないのである。経済産業省の計画では、将来的には原子力を利用した高温ガス炉による水素製造が本命に据えられている。すなわち、水素を主役にするということは、原子力を利用する時代ということになりかねない。

以上のことから、水素の利用もけっして環境配慮型ではなく、クリーンなエネルギーとはいえないし、社会的にリスクを増幅することになる。こう見ていくと、グリーン・ニューディール政策がもたらすものは、新たな環境破壊であり、生物多様性への脅威である。

エネルギーも地産地消へ

やがて枯渇することがない再生可能なエネルギーで、しかも環境に悪い影響が少ない、自然エネルギーの比率を増やしていかなければ、地球の将来は危ないといえる。しかし、単にその自然エネルギーの比率を増やせばよいというのではなく、全体の消費量を減少に転じさせることが大切である。

くり返すが、自然エネルギーも、大量生産し、巨大化すれば負に転じる。分散して小規模で、多様な自然エネルギーを組み合わせ、しかも地域で生産して、地域で消費することが大切である。もちろん全部を賄うことは難しいかも知れないが、遠方から購入する電力量をかなり抑えることは可能である。遠方で発電して送電線での輸送距離が長いと、その間、電磁波となって失われる量は多く、電磁波公害をまき散らすことにもなる。

各地で地域循環型社会がつくられ始めている。福井県池田町は、山々が周囲を囲んだ地形が幸いして、市町村合併という悪しき出来事から免れた。そのため町独自の政策を思い切りでき、それを実践したところが、また見事である。この町の先進性は、中心産業である農業を大きく変えたところにある。農薬と化学肥料を用いる農業を少なくし、有機農業の町づくりを進めた。その結果、いまや福井県では野菜といえば「池田町の野菜」というほどに、ブランド名を確立した。また、生ゴミの堆肥化など徹底した地域循環型社会をつくり出し、その堆肥を土壌に魂を入れるという意味で「土魂壌(どこんじょう)」と名づけて売り出したところ、大変な人気となった。

町の中を案内していただいた時に、川の急流を利用した流れ込み式の水力発電所の存在を知った。ダムをつくらない環境保全型水力発電である。それによる町全体の電力供給は難しいものの、これに太陽光・風力・バイオマスなどを組み合わせていけば、エネルギーの自給自足も夢ではないと思った。それは私のかってな想像ではあるが、すでに廃油からバイオディーゼルがつくられており、少なくとも大半の電力を地産地消できる潜在的な能力を持っている町である。

地域循環型社会づくりに取り組むと、町全体が活気を帯びてくる。このような地域は、山形県長井市など、全国に広がりつつある。そのような地域は、農業を変え、地産地消を増やし、循環型社会を構築し、さらにエネルギーの地産地消にも乗り出すというように、次々と新たな取り組みへと分野を広げている。

吉村昭著『天狗争乱』の中に、隣接する大野市から池田町への積雪の道を通っての山越えの場面がある。史実を徹底的に調べ上げる著者は、実際にジープで山越えに挑戦したが、積雪の

池田町が作り出した循環型社会の要にある生ゴミを堆肥化する施設

前に「途中までしか行くことができなかった。そのような地を駄馬をひき大砲をかついで通った天狗勢の労苦が身にしみて感じられた」と「あとがき」で書いている。

筋を通したため孤立を深めていった天狗勢が、山越えの後たどり着いた池田町で、あたたかく迎え入れられたという。その時に得られた心の安らぎは、他の何ものにも代えがたかったであろうことは、容易に想像できる。そのあたたかさや安らぎを、地域循環型社会をつくってきた、いまの池田町にも感じることができる。

第４部　生物多様性を守る取り組み

第1章　市民による遺伝子組み換えナタネ自生調査

志布志湾へ

三七年ぶりの志布志湾だった。鹿児島県東部にある、広々とした海岸線を目の前にして、その様変わりに目を疑った。私の記憶に残っている志布志湾は、白砂青松という表現がぴったりの美しい松林が続き、遠くに見える枇榔島（びろうじま）がアクセントになった、大変美しいところだった。遠くに枇榔島が見えるのは同じだが、倉庫が建ち並ぶ港から見ると、平凡な島に見えてしまうから不思議だ。

志布志湾を以前訪ねた理由は、コンビナート建設計画への反対運動を取材するためだった。一九六〇年代末、政府は新全国総合開発計画を閣議決定し、日本列島各地に工業地帯を建設し、それを高速道路や新幹線で結ぶ大規模開発を進めようとした。そのときの二本柱が北の青森県六ヶ所村と南の志布志湾のコンビナート建設計画だった。志布志湾では美しい砂浜全体が

埋め立てられた土地に建てられた飼料工場（鹿児島県志布志にて）

埋め立てられ、石油・製鉄・火力発電をセットに巨大なコンビナートが建設される予定だった。当時すでに四日市や水島など、各地で操業していたコンビナート周辺で環境が悪化し、住民の健康被害が拡大していた。そのため、六ヶ所村、志布志湾の両方でコンビナート建設反対運動が起きていた。その取材のために訪れたのである。

その後、オイル・ショックが起き、景気が後退し、計画は頓挫したものの、志布志湾の南端は埋め立てられて、石油備蓄基地が建設されてしまった。また、北端の志布志港は拡張・整備され、巨大な倉庫群が立ち並ぶ、一大流通センターに変身していた。

南九州は畜産の生産量が日本一という日本の食料供給基地であり、家畜が食べる大量の飼料が陸揚げされる。その巨大な倉庫のほとんどが飼料工場であり、そこに運び込まれる遺伝子組み換え（ＧＭ）ナタネが落ちこぼれ、自生していることが判明したのである。

二〇〇八年夏、それを発見したグリーンコープかごしま生協を訪れた際、無理矢理、志布志湾を訪れる計画を入れてもらい、その自生の場所を確認したのである。コンビナート計画は去ったが埋め立ては進められ、ＧＭナタネ自生という、新たな環境問題が起きていたのである。

拡大するＧＭナタネ自生

かつてナタネは、他の換金作物が作付け・収穫し難い冬につくられる作物として、日本中いたるところで栽培されていた。その日本の代表的な風景だったナタネ畑が、一九六〇年代前半から急激に減少し、一時ほとんど見られなくなった（表1）。その結果、ナタネは輸入される作物になり、輸入先はその大半をカナダに依存することになった。

最近やっと「菜の花街道」がつくられたり、景観を目的に全国でナタネ畑が復活し始め、懐かしい風景が見られるようになってきた。さらには、ナタネからバイオディーゼルをつくる動きもでてきて、ナタネ畑が今後、拡大していくことが予想されている。しかし、その矢先に、そのナタネで異変が起き始めた。遺伝子組み換え（ＧＭ）ナタネの自生が広がり始めたのである。

カナダでは一九九六年からＧＭナタネの栽培が始まり、年々作付け面積を拡大してきた。カナダに依存している限り、ＧＭナタネが混入していることから、消費者の声に後押しされて、非ＧＭナタネの輸入先になったのがオーストラリアだった。オーストラリアではナタネの生産量・輸出量が増えていった。日本の輸入の割合でカナダ産の割合が減り、オーストラリア産の割合が増えていった。それでも、カナダ産八一・五％、オーストラリア産一八・五％の割合である（二〇〇五年）。その理由は、ナタネは食品としては大半が食用油になるが、その食用油に表示義務がないため、多くの消費者がＧＭナタネを食べていると思っていないからである。

表１　日本におけるナタネの自給率の推移

1964年	52.3％
1966年	26.8％
1968年	14.3％
1970年	5.3％
1974年	1.0％
1978年	0.5％
1984年	0.1％
1997年～2008年	0.0％

（データ・九州大学大学院農学研究院）

カナダで船に積まれ、日本の港に入ってきたＧＭ品種をたくさん含んだナタネ（カナダ産ナタネの二〇〇五年のＧＭ品種の割合は八二％）は、とりあえず倉庫に入れられ、倉庫からトラックに積み込まれナタネ油製造工場へと運ばれていく。倉庫の出し入れの際、トラックへの積み込み・積み降ろし、輸送の際に、種子はこぼれ落ち、自生し始めた。その種子が成長して花を咲かせる。花が咲くと花粉が飛散して次の世代をつくる。このように、日本全国にＧＭナタネが広がり始めた。

カナダから入ってきているのは西洋ナタネの中のカノーラと呼ばれる品種である。現在日本全国で河川敷などで自生しているナタネは、主にカラシナであり、これも外来種である。もう一種類、在来のナタネがあるが、現在菜の花街道に用いられている品種は、この在来種を改良したものが多い。

ＧＭカノーラは、すべて除草剤耐性で、除草剤ラウンドアップ耐性の品種（モンサント社）とバスタ耐性の品種（バイエル・クロップサイエンス社）がほぼ半数ずつを占めている。

在来のナタネにはエルシン酸が多く健康によくない、食品に適さない、というのがカナダ産カノーラに市場を席巻された理由のひとつだった。現在、日本でつくられている在来のナタネは、品種を改良してエルシン酸を少なくしたものになっている。

カナダから入ってくるカノーラの中のＧＭ品種の割合が増えつづけた結果、最近では自生しているカノーラの大半がＧＭ品種である。このまま自生が広がっていくと、カラシナや在来のナタネ、キャベツ、ハクサイなど近縁種と交雑を起こし、農家の畑にまで汚染がおよび、食品に入ってくる可能性が強まってくる。

ＧＭナタネの自生が最初に報告されたのは、二〇〇四年六月二九日のことだった。発表したのは農水省で、茨城県鹿島港周辺の調査報告である。同報告は、農水省の委託を受けて、財団法人・自然環境研究センターなどが二〇〇二年と二〇〇三年、二年間かけて行った調査の結果、鹿島港の周辺でＧＭナタネの自生が確認されたというものだった。しかし同省は、これは想定の範囲内であり問題ない、とする見解を発表している。

その後も農水省や環境省によって調査が繰り返し行われ、ナタネが入ってくる港周辺でのGMナタネ自生が確認されてきた。米国やカナダなどから輸入しているGM作物の本体は、トウモロコシ、大豆、ナタネ、綿実、すべて種子である。それらの作物のこぼれ落ちた種子が自生している。このような事態は輸入開始の当初から想定されていたことである。GM作物の自生は、ナタネだけではない。鹿島港や清水港周辺では、大豆やトウモロコシの自生も確認されている。

市民が全国調査を開始する

政府による調査は、港の周辺に限定されているため、汚染の拡大を調査するものにはなっていない。

そこで市民団体の「遺伝子組み換え食品いらない！キャンペーン」が呼びかけ、市民自身による全国調査が提案され、二〇〇五年春から実施されてきた。調査を行ったのは、グリーンコープ、生活クラブ生協、生協連合きらり、大地を守る会など、主に生協の組合員である。調査参加者は、毎年一五〇〇人程度である。

調査カ所は、主にカナダからのナタネが入る港と食用油工場、その港と食用油工場を結ぶ道

GMナタネ自生を調査しながら、汚染拡大防止のため引き抜いていく（三重県四日市市にて）

路沿いの、点と点を線で結んだところだが、同時に、住宅街など、参加者が気が付いた身近な場所にまで広げることになった。

調査を行う際のポイントは五つである。

1、誰でもが参加できる。

2、ナタネを採取してキットで検査する。GMナタネの反応が出たら、検査会社に出してDNA判定を行う。このキットは、米国農務省や日本の農水省が輸出入時に用いているものである。

3、カノーラだけでなく、カラシナや在来のナタネも調べて、交雑による拡大を見る。

4、自生状態をまとめ「汚染マップ」を作り、報告会をもつ。

5、その成果をもって国、自治体、企業、さらには国際機関にも働きかけて汚染の拡大を防ぐ。将来的には遺伝子組み換え食品のない社会を目指していくものの、現時点では汚染の拡大を防ぐことが大切である。

二〇〇五年、二〇〇六年は、一次検査では、基本的には採取した現場で、キットによるたんぱく質の検査を行い、陽性と疑われるケースに関しては二次検査にまわした。二〇〇五年はまだ不慣れであったため、一次と二次の間で陽性と判定した数に誤差が大きかったが、二〇〇六年にはその誤差がほとんどなくなった。そこで二〇〇七年は一次検査だけの判定とした。

表2　2005年GMナタネ自生全国調査の結果

調査都道府県	採取数	陽性	
		RR	LL
福岡県	394	4	1
兵庫県	32	1	0
大阪府	73	1	0
千葉県	285	1	1
長野県	69	5	0
その他18都道府県	324	0	0
23都道府県総計	1177	12	2
		(計14)	

(RRはラウンドアップ耐性ナタネ、LLはバスタ耐性ナタネ)

一次検査で用いるキットは、色の変化で判定する。一本しか色の変化が見られない場合は陰性、二本変化した場合は陽性、色の変化が見られない場合は不良である。キットにはRR（除草剤ラウンドアップ耐性でラウンドアッププレディという）とLL（除草剤バスタ耐性で、リバティリンクという）の二種類があり、一つのサンプルにこの二種類のキットを用いて判定する。

キットが陽性反応を示した場合、二次検査にまわすが、二次検査ではPCR法によるDNA検査を行った。

ＧＭナタネ調査結果　二〇〇五年

二〇〇五年は三月から調査が始まり、七月九日に調査結果がまとまった。この年、全国四七都道府県中、二三都府県で調査が行われ、総検体数は一一七七だった。一次検査では、一五八検体が陽性と思われる反応を示したため、それらを二次検査にまわしたところ一四検体が陽性と確定した。

一次と二次の間でこのように数に大きな誤差が生じたのは、二つの理由からだった。一つ目の理由は、調査した人間がまだキットの取り扱いに不慣れだったため、ごく薄い色の変化や緑色（葉緑素）のものも疑陽性として二次検査に回したこと、二つ目の理由は、サンプルの扱いに不慣れだったため、送付中に腐敗したりして二次検査不能だったものが多数出たことによる。そのため一次と二次の数に大きなギャップが生じた。また、それでも一四検体が陽性と確定した（表２）。

陽性と出た地域の特徴は、千葉県、福岡県では、港周辺で検出されたが、それに加えて、福岡県、長野県、兵庫県、大阪府で、住宅地など本来ＧＭ品種が自生していないはずの地域で、ＧＭナタネが検出されたことである。

とくに長野県は、港も製油工場もなく、輸送経路にも当たらない。このような地域で五カ所も自生が見つかったことが、驚きだった。

考えられる可能性としては、鳥が運んだか、飼料や肥料に用いるナタネ滓を輸送している途中でこぼれ落ちたか、ＧＭ種子が混入した種子を用いたか、といったことがあげられる。

表3　2006年GMナタネ自生全国調査の結果

調査都道府県	採取数	陽性		
		RR	LL	RR+LL
福岡県	504	13	8	0
大分県	19	0	1	0
兵庫県	30	0	1	0
茨城県	21	0	2	0
千葉県	238	4	0	1
その他37都道府県	1126	0	0	0
42都道府県総計	1938	17	12	1
		(計30)		

ＧＭナタネ調査結果　二〇〇六年

二〇〇六年のＧＭナタネ自生調査も二〜三月から始まり、その結果は、同年七月八日にまとまった。今回は調査範囲が広がり、四二都道府県で調査が行われ、総検体数は一九三八に達した。一次検査のキットによるたんぱく質検査では三八検体が陽性反応があり、二次検査のＰＣＲ法によるＤＮＡ検査で、そのうち三〇検体が陽性と確定した。

昨年同様、今回の調査結果においても、福岡県、大分県、千葉県などで、本来ＧＭ品種が自生していないはずの場所で、ＧＭナタネが確認された。とくに大分県日出町で検出されたことは、前年の長野県と同様に、汚染が予想外に拡大していることを示したといえる。

また、この年の調査で、千葉県で食用油製造工場の脇で見つかったＧＭナタネが、ラウンドアップとバスタの両者に耐性をもっていた。このような両者の遺伝子を持ったナタネは作られておらず、種子か栽培の段階、あるいは落ちこぼれたところで交雑したと考えられる（表３）。

ＧＭナタネ調査結果　二〇〇七年

第三回ＧＭナタネ自生調査は暖冬の影響で、南の地域では菜の花が早く咲き始めたため、早いところでは一月からスタート、その結果は、二〇〇七年七月七日にまとまった。それによると前年より一県増え四三都道府県で調査が行われた。さらに韓国でも調査が行われ、総検体数は一六三〇に達した。

二〇〇七年は調査を行う人たちが検査になれ、精度が高くなったため、一次検査のキットによる検査だけが行われ、一部が念のため二次検査のＰＣＲ法によるＤＮＡ検査に回された。その結果、三七検体で陽性反応が出た。

この年の調査結果の特徴としては、熊本県八代市や鹿児島県志布志市で、飼料工場がある港の近くでＧＭナタネが検出された点にある。飼料にはナタネ滓が用いられており、油をいったん絞った後であるため、自生は困難と見ていたが、そこから見つかったことで、今後、飼料工場やその積み降ろし港近辺での汚染調査も必要になった。

この市民による全国調査と協力し合いながら、農民運動全国連絡会（略称・農民連）もＧＭナタネ自生調査に取り組んでいる。

同団体の調査は、港を中心に自生が疑われる地点を中心に行ったことで、高い確率で検出された。調査に当たった農民連分析センターの八田純人さんは、四日市港周辺や博多港周辺の汚染がとくにひどいという（表４）。

表４　2007年GMナタネ自生全国調査の結果

調査都道府県	採取数	陽性	
		RR	LL
福岡県	402	14	9
熊本県	37	0	1
鹿児島県	22	0	1
兵庫県	27	1	1
大阪府	114	0	1
千葉県	170	3	2
静岡県	43	2	2
その他36都道府県	812	0	0
43都道府県総計	1627	20	17
		（計37）	
韓国	3	0	0

また、愛知県や三重県を毎年調査している四日市大学教授の河田昌東さんらは、ＧＭナタネの多年草化という現象が起きていることを確認した。

寒冷のカナダでは、ナタネは越年が困難だが、暖かい日本では越年して何年にもわたって生きつづけ、樹木のように大きくなっている。こうなると毎年花粉をまきつづけることになり、生態系への影響はより深刻である。河田さんによると、見つかったＧＭナタネの近辺にはカラシナや在来のナタネが成育しており、それとの交雑は時間の問題だ、という。

元筑波大学教授の生井兵治さんによると、このまま放置しておくと、大根や白菜など、数多くあるアブラナ科の農作物との交雑の可能性もある、と指摘している。

表５　2008年GMナタネ自生全国調査の結果

調査都道府県	採取数	陽性		
		RR	LL	RR+LL
福岡県	75	15	4	0
熊本県	70	1	0	0
大分県	59	0	1	0
山口県	18	1	2	0
兵庫県	42	1	0	0
愛知県	15	0	1	0
千葉県	82	4	3	0
静岡県	33	3	0	0
茨城県	69	0	0	1
新潟県	44	0	2	0
その他19都道府県	548	0	0	0
29都道府県総計	1055	25	13	1
		（計39）		

表６　2007年　農民連による調査結果

調査都道府県	採取数	陽性	
		RR	LL
千葉県中央港	25	6	6
神奈川県横浜港	24	4	4
静岡県清水港	10	2	1
愛知県名古屋港	15	1	1
三重県四日市港	38	22	5
三重県内	12	5	0
兵庫県神戸港	15	1	0
岡山県宇野港	8	4	2
福岡県博多港	31	14	9
その他	18	0	0
総計	196	59	28
		（計87）	

ＧＭナタネ調査結果　二〇〇八年

二〇〇八年の調査は、これまで行ってきた三年の実績をふまえて、調査地点を絞ったことから、総検体数は前年の一六三〇に比べて、一〇五五と減少した。調査した都道府県数も前年の四三都道府県から二九都道府県と減少した。しかし、三九検体が陽性反応を示し、前年の三七検体を上回った。二〇〇七年から調査を行う人たちが検査になれ、精度が高くなったため、一次検査の簡易キットによるたんぱく質検査が行われ、一部が念のため二次検査のＰＣＲ法によるＤＮＡ検査に回されたが、その結果は一致した。今回も、生協組合員を中心に港や油工場、輸送経路だけでなく、さまざまな個所で調査が行われた。

〇八年の調査結果の特徴としては、港など例年自生している場所で相変わらず自生していることに加えて、熊本市など検出される可能性が低い市街地で検出されたことが上げられる。大分県では一昨年検出した地点でまた見つかった。これまで検出実績のなかった山口県や新潟県で初めて見つかったことも注目に値する。

茨城県の神栖市では、ラウンドアップとバスタの両方に耐性を持ったものが見つかった。〇六年にも同じように両方に耐性を持つものが見つかっている。どこで交雑が起きたかは不明だが、今後、同様なものが発見されていくことになりそうだ。

結論

1、四年間にわたる調査で、ＧＭナタネの自生が広がっていることを確認した。輸入港、食用油工場、輸送経路では自生が当たり前になっていた。さらにそれ以外のところにも広がっており、その原因は不明である。

2、飼料工場の近辺でも、複数ヵ所でＧＭナタネの自生が確認された。油粕を用いるため、自生はあり得ないと考えられていたところである。

3、このまま放置すると、カラシナや在来のナタネなどとの交雑も時間の問題であり、他のアブラナ科の植物との交雑も起き得る状況になっている。また、生物多様性への影響が懸念され、生態系を通して食品への混入の可能性も近づいたといえる。

4、今後は、大豆やトウモロコシの調査も必要であるが、ＧＭ品種の種類が多いため、市民による調査では限界があり、公的な機関による調査が必要である。

5、現在対策としては、市民や企業による引き抜きや清掃に依存しているのが現状である。国や自治体の放置したままの姿勢が問われているといえる。

6、抜本的には、ＧＭ品種が大半を占めるカナダからの輸入を停止することが望ましく、非ＧＭ品種の生産を維持してきたオーストラリアでもＧＭナタネの作付けが始まり、国産の増産に努めることが必要になってきている。

二〇〇九年、群馬へ

二〇〇九年も調査を行った。私たちは四月一四日群馬に向かった。この間、ほとんど雨が降らず、空気も土もカラカラに乾燥し、各地で山火事が発生している。日本中で、雨がほしいと思っているときに、雨の予報にぶつかった。うれしいのだが、野外の調査の日になにもぶつからなくてもよいものを、と思いつつ、朝、東京駅に集合した。調査隊は総勢七人。遺伝子組み換え食品いらない！キャンペーンのメンバーと、大地を守る会のメンバーによる、ＧＭナタネ自生調査である。

〇八年、大地を守る会のＳさんが調査をしていて、セイヨウナタネが咲き乱れている所を見つけたが、時間切れで調査できなかった地点に向かった。群馬県みどり市にある飼料工場周辺だが、〇八年はあたりが真っ暗になり、懐中電灯をつけて調査すると、怪しまれるということで断念したところだ。〇八年から、飼料工場周辺の調査にも力を入れてきたが、果たして今年は咲いているのか、また調査結果はいかに。

現地到着、早速あたりを見渡す。一面とまではいかないまでも、たくさん黄色い花が見事に咲いている。いずれもセイヨウナタネであった。しかし、咲いている場所が飼料工場の駐車場に隣接する企業の敷地内だった。駐車した際に、こぼれ落ちた種子から成長したものと思われる。その企業の了解を取って調査した。三サンプル調査したが、いずれも陰性だった。

つづいて、同じ飼料会社の太田市にある工場に向かった。工場周辺にはナタネはみられず、すぐ近くの幹線道路沿いに黄色い花が咲き乱れていたため、そこを調査する。しかしそこにはセイヨウナタネはなく、次の目的地である、栃木県古河市にある、飼料工場に向かう。私たちの目もすっかり「ナタネ目」と呼ばれる、道路脇にある黄色い花を簡単に見分けられるようになっていた。咲いているのはいずれもカラシナだった。

古河市の飼料センターは、倉庫があるだけであたりに黄色い花はなく、近くにもう一軒飼料工場があるというので、行ってみるが、自宅に看板が掛かっているだけのものだった。飼料工場周辺調査では、よく出会うパターンである。何となく尻切れトンボになってしまったが、これにて時間切れとなり、帰途につく。帰路、雨が本降りに変わった。調査は二〇一〇年まで続き、六年間のまとめが名古屋で、ＭＯＰ５の期間中に報告される。

第2章　拡大するGMOフリーゾーン（GM作物のない地域）

綾町へ

宮崎県綾町は、綾北川と綾南川に挟まれた流域にある。延喜式の日向一六駅のひとつ亜椰駅があったところから、綾となったようだ。二つの川の間に小高い丘陵が広がり、その東端に伊東氏四八城のひとつ綾城跡がある。現在は再建されて、その天守閣から綾の町が見渡せ、天気の良い時は宮崎市の先に海も望める。両川の上流には日本最大の照葉樹林（常緑広葉樹林）帯が広がり、その樹林の所々で山桜が満開となっていた。さすがに宮崎の春は早い。その樹林がもたらすきれいで豊かな水が、綾の農業を支えている。

二〇〇九年三月一四日、朝のラジオから、薗田順子さんのさわやかな声が流れた。毎週土曜日午前九時一五分から始まる宮崎放送の「綾ラジオ畑」である。本日の旬の作物は、肉厚レタスである。「シャブシャブなどに最適です」と答えるのは、綾菜会の小田道夫さんである。私も畑で育っているものを採って試食したが、農薬を使っていないため、そのままバリバリ食べられ、歯ごたえもあり実に美味しい。

綾町は有機農業の先進自治体として全国に名を馳せている。町全体で農薬や化学肥料を追放し、自然生態系を生かした農業に取り組んできた。その結果、綾で収穫される農作物や畜産物は、安全性が高く美味しいということで高く評価され、いまでは地元だけでなく全国から引く手あまたの状態にある。綾町の生産物が販売されている「ほんものセンター」には、宮崎市内からの買い出し客が多い。

このような町づくりに取り組むようになったのは、前町長の合田さんの時代である。その時に農協の理事長だったのが、現町長の前田さんである。この二人の町長がいまの綾の町づくりを先導した。その綾町の農業を象徴するのが、「自然生態系を生かし育てる町にしよう」という綾町憲章であり、それに基づく「綾町自然生態系農業の推進に関する条例」である。条例には次のようなことが書かれている。「土と農の相関関係の原点を見つめ、従来すすめてきた自然生態系の理念を忘れ近代化、合理化の名のもとにすすめられた省力的な農業の拡大に反省を加え、化学肥料、農薬などの合成化学物質の利用を排除すること」「本来機能すべき土などの自然生態系をとりもどすこと」「食の安全と、健康保持、遺伝毒性を除去する農法を推進すること」とある。

実はこの条例が二〇〇九年三月二六日に改正され、この後に次の一文が加わった。「また、

宮崎県綾町にあるサテライト・スタジオにて

遺伝子組み換え作物による自然生態系の汚染を防止するため、遺伝子組み換え作物の栽培を行わないこと」。

なぜこの一文が加わったのか。その前に、サテライト・スタジオに戻ろう。薗田さんと小田さんの会話が進められているこのスタジオは「わくわくファーム」というスローフード運動を進めている人たちが建てた山小屋風建物の一画にある。薗田さんは「小田さんにとって今日は忙しい一日ですよね」と語った。ＧＭＯフリーゾーン全国交流集会が、この綾で開催され、小田さんはその実行委員長だからだ。集会は五〇〇人近くを集め、各地や各団体からの発言を連ね、大変な盛り上がりを見せた。

そのＧＭＯフリーゾーンとは、どんなものなのだろうか。また、なぜ条例が改正されたのだろうか。

欧州から広がった新しい運動

ヨーロッパを中心に、世界的にＧＭＯフリーゾーンが広がっている。遺伝子組み換え（ＧＭ）作物のない地域のことである。厳密にいうと、ＧＭＯは遺伝子組み換え生命体を意味するため、その中には家畜や魚、微生物も含まれる。本来は、ＧＭ家畜を禁止し、チーズやワインなどの発酵産業に用いる微生物にもＧＭ技術を用いてはいけない地域のことである。いまこのＧＭＯフリーゾーン運動が、まずイタリアからヨーロッパ全土に、ヨーロッパから全世界に拡大、日本でも二〇〇五年一月二九日にスタートした。

ＧＭＯフリーゾーン拡大の背景には、ＧＭ作物栽培面積の拡大がある。このＧＭ作物の栽培面積拡大が、ＧＭ作物開発企業による種子支配を加速させた。中心にいるのが米モンサント社で、九〇％を超えてＧＭ種子を支配しており、その独占的な地位は変わりない。それだけではなく、世界の種子販売の二〇％を支配するまでになったのである。

モンサント社を追いかけているのが、米デュポン社、スイス・シンジェンタ社、独バイエル・クロップサイエンス社で、これら多国籍企業による種子支配・食料支配が進行している。これに対抗して、農業や文化の自給と多様性を守ろうというのが、ＧＭＯフリーゾーン運動の趣旨である。

スローフード運動との連携

このＧＭＯフリーゾーン運動に最初に取り組んだ人たちは、イタリアのワイン生産者だった。一九九九年には早くも「ＧＭＯフリー」キャンペーンが始まり、同国のワイン生産地をつなぎ、四〇〇の地域で「ＧＭＯフリーランド」が宣言された。真っ先にＧＭＯフリー宣言を発した自治体は、トスカーナ州とマルケ州だった。両州はスローフード運動の発祥の地である。

スローフード運動は、一九八〇年代にマクドナルドがローマに進出するのに反対して始まった。食の画一化に対して多様性を対置し、安い輸入食材をかき集める方法に対して地産地消を対置し、多国籍企業の食料支配に対して地元の中小産業を守ることを対置した運動である。ＧＭ作物は、食の画一化をもたらし、輸入食材の流入を促進し、多国籍企業による種子と食料の支配をもたらすとして、イタリアの人たちが立ち上がった。

こうしてイタリアで、スローフード運動と一体となってＧＭＯフリー宣言自治体が拡大し、その動きが全ヨーロッパに波及した。

ヨーロッパ全体でＧＭＯフリー宣言自治体の数は、二〇〇九年三月末の時点で、州などの地域（Region）で一九六、県（Province）で三五〇〇以上、市町村（Local Gevernment）で四五六七、宣言した農家は三万を超えたという。

日本では滋賀県から始まる

二〇〇五年一月二九日、滋賀県高島市にある圃場で、日本で初めてのGMOフリーゾーン・キックオフ集会が開催された。三畳大の看板が立てられ、集会で覆いが取られ、節分が近いこともあって、GM作物を鬼に見立てた寸劇が演じられた。

そこは農薬空中散布に反対し、針江げんき米と名づけられた、環境に配慮したコメづくりを行ってきた農家の圃場である。この地区の農家八軒が共同でGMOフリーゾーン宣言を行った。コメづくりの田圃は二二ヘクタールで、その他にも大豆やナタネ、野菜などをつくっており、農家八軒の圃場は全体で四五ヘクタールに及ぶ。

大阪と兵庫の生協で構成されている生協連合きらりが、このコメづくりを支援してきた。そのきらりが、GMOフリーゾーン運動に取り組み、提携農家に呼びかけたのがきっかけだった。この宣言をきっかけに、GMOフリーゾーンは広がっていった。山形県遊佐町が全農地で宣言したのを始め、山形県がまず火付け役となった。次に、北海道で宣言が広がった。北海道は日本の食糧基地であり、そこでの拡大によって、またたくまに日本の全農地の一％である五万haを超えるまでになった。

日本ではこれまで、大豆畑トラスト運動が広がってきた。これは日本独自の取り組みといっ

日本各地に広がるGMOフリーゾーンの看板（北海道鵡川にて）

てよい。ＧＭ作物反対運動は、ヨーロッパでは環境保護団体が中心になって進めてきた。それに対して日本では消費者団体が進めてきた。その違いが運動の進め方に違いをもたらしてきた。大豆畑トラスト運動は、消費者が主体となって農家と提携し、休耕田に有機・非ＧＭ大豆の栽培を進める運動で、国産大豆を増やす取り組みでもある。

この大豆畑トラスト運動に、ＧＭＯフリーゾーン宣言を発する個々の農家が加わり、いまＧＭ作物拒否の地域が全国的に広がりつつある。

最初の話に戻ろう。宮崎県綾町は、ＧＭＯフリーゾーン全国交流集会開催をきっかけに、町内でＧＭＯフリー宣言する農家が増え続けた。その結果、条例を改正して、町全体でＧＭＯフリーを宣言しようということになった。現在、国が行っている規制は弱く、ほとんどあってな

市民が守った積雪地方農山村研究資料館（新庄市）

きがごとくで、日本全国いつどこでＧＭ作物が栽培されてもおかしくない状況にある。

だからこそ自治体が規制に乗り出さなければいけない状況なのだ。小田さんの忙しい一日は、綾の町を守る力へとつながっていったのである。

大豆畑トラスト運動発祥の地・山形県新庄

大豆畑トラスト運動は、新庄市から始まった。山形県北部に位置する新庄市を中心とする最上地方は、夏は冷害、冬は豪雪で悩まされ続けてきた。

雪害対策のため、一九三三年に農水省積雪地方農村経済調査所が設立され、一九八三年に廃止されるまで活動してきた。廃止とともに建物が壊されることになったが、市民運動が起き、今和次郎設計の美しい建物は無事守られた。その建物を生かし、同調査所の活動がもたらした資料を基に、積雪地方農山村研究資料館が作られた。

豪雪の地・新庄では、秋も深まると雪が降り始め、冬から初春にかけては、積もった雪で農作業はできなくなる。

もっとも最近は、温暖化傾向に拍車がかかり、雪があまり積もらず、それによる農作物への影響が懸念される事態になっているという。

大豆の収穫前に雪が降り、壊滅的な打撃を受けたこともある。農薬を使わないため、虫や病気にやられることもある。楽しいはずの収穫が、たびたび悲しみに転じる。毎年収穫できるまで、その年の出来不出来に一喜一憂するのが常である。

農家は心優しい。豊作の時はよいが、不作の時に、どのように消費者に大豆を届けるか腐心する。大豆畑トラスト運動に取り組むようになってから、その悩みは毎年陥る病気のようなものになってしまった。

大豆畑トラスト運動では、本来、そのようなリスクは消費者が負担することになっている。農家は悩まなくてよいはずである。しかし、大豆が届かなければ、次の年もこの運動に参加してくれるだろうかと、農家は考えてしまう。運動の理想と現実の狭間で、試行錯誤が繰り返されてきた。

大豆畑トラスト運動は、この新庄から始まった。少しこの運動の仕組みを紹介しよう。

大豆畑トラスト運動とは？

この新しい運動は、遺伝子組み換え（ＧＭ）食品反対運動から生まれた。どのような運動かというと、農家は農地をいくつかの区画に区切り、消費者は出資してその一区画をトラストする。農地は主に、休耕田を使って大豆を作付けする。休耕田は、日本の農政の失敗（減反政策）を象徴している。

農家による大豆づくりであり、作り方は基本的に、無農薬・無化学肥料で当然ＧＭの種子は使われない。消費者も除草などを手伝うことで顔の見える関係をつくっていく。そしてトラストした自分の区画で収穫された大豆は、出資した消費者が引き取る。これが基本である。

このようにすれば、農家はリスクのない農業が可能になり、消費者は安全で美味しい国内産大豆を食べることができ、結果的に自給率向上につながる。この運動は、現在、全都道府県に広がっている。地域的な広がりとともに、味噌や醤油、豆腐などをつくる事業者もかかわり始めたり、手作りの味噌や豆腐をつくる講習会も行われたり、運動の幅も広がっている。

大豆以外に、ナタネ、小麦、稲などでも、トラスト運動が始まっている。従来の、一方通行だった産直運動の枠を一歩踏み出し、消費者参加型の地産地消運動として広がりをもってきている。しかし、最初に述べたように、必ずしもこの仕組みがうまくいっているわけではない。

不作の時こそ、生産者と消費者の関係が問われ続けている。

大豆畑トラスト運動や水田トラスト運動を、新庄市で中心になって進めている、高橋保廣さんの田んぼに入ったことがある。土が軟らかくまるで底なし沼に入り込んだような感触だった。こうなると土が豊かになるだけでなく雑草も生えにくくなる。ここまで土が変わるには、有機農業に取り組み続け、気の遠くなるような歳月が必要である。そのような蓄積の上につづいている運動でもある。

第3章　自治体の遺伝子組み換え作物栽培規制の条例化

なぜ規制が広がったのか？

遺伝子組み換え（ＧＭ）作物を拒否する市民運動が広がり、それを受けた形で、自治体の間で、ＧＭ作物の栽培を規制する条例・指針制定が広がっている。世界的にも、同様の動きは活発で、規制を確立した自治体は、ＧＭＯフリー自治体と呼ばれている。この場合、フリーとは「バリアフリー」と同じで「ＧＭ作物がない地域」という意味である。

条例・指針制定といっても、自治体によって対応は異なる。ひとつは、都道府県で「食の安全・安心条例」の制定が進んでいるが、その条項の中に遺伝子組み換え作物の交雑・混入防止が盛り込まれるケースである。このような道府県は六つに達した。

北海道や新潟県のように、「食の安全・安心条例」と連動したＧＭ作物栽培規制条例を制定した自治体もある。さらには滋賀県・岩手県のように独自の指針を策定しているところもある。条例には罰則があるが、指針には罰則がないという違いもある。

この動きに対して、政府とくに農水省は地方自治への介入を強めている。理由は、「国の規制の枠を超えた規制」ということにある。これは地方自治を踏みにじるものといってもよい。

この条例・指針制定の流れは、いくつかの要因が重なって広がった。ひとつには、日本各地で見られるGMナタネの自生問題である。GMナタネの種子が、輸入港や油工場、輸送経路にばらまかれたり、こぼれ落ちて自生するケースが広がっている。もしGM作物が作付けされ、栽培面積が広がると、遺伝子汚染が起き、地元の農作物が売れなくなる可能性が見えてきた。

GM作物推進農家で構成されるバイオ作物懇話会（宮崎在住・長友勝利代表）が、二〇〇一年から進めてきたGM大豆の国内栽培試験もきっかけになった。二〇〇三年には、茨城県谷和原村、滋賀県中主町、岐阜県瑞穂市でGM大豆が栽培され、三カ所とも刈り取り、すき込まれた。このことがきっかけになって、農家や消費者の間で、栽培規制を求める声が起きた。

各農業試験場の圃場で行われている試験栽培も、原因となった。とくに日本の主食であるGMイネに対する関心は高く、栽培試験があるところには必ず反対運動が起きる、という状態にある。これまでGMイネの試験栽培が行われてきた都道府県は、愛知県、北海道、岩手県、茨城県、香川県、新潟県、宮城県、そして徳島県である。

このうち愛知県は、モンサント社と共同で、除草剤耐性GMイネの栽培試験を行っていた。二〇〇一年には名古屋で全国集会が開かれ、その時に集められた署名の数が五八万余筆に達し、これを受けて愛知県が試験の継続中止を決定、その結果、モンサント社はＧＭイネの開発から撤退を強いられた。

この出来事が、自治体の農業試験場で行われていたＧＭ作物の開発中止に追いうちをかけ、ＧＭＯ規制条例や指針制定に向けた動きのきっかけとなった。

問題発生県で指針・方針がつくられる

二〇〇三年には岩手県、茨城県、北海道でＧＭイネの栽培試験が行われた。岩手県では、同県が一〇〇％出資してつくられた岩手生物工学研究センターが開発したＧＭイネの試験栽培が行われ、県民の間で反対の声が広がった。二〇〇三年一一月二九日に、盛岡市で開かれた全国集会に届けられた署名は四〇万余筆に達し、同日、岩手県農林水産部長がＧＭイネの開発中止を明言した。

また、この動きを受けて同県は、二〇〇四年二月九日に開かれた食の安全安心委員会で、県内の圃場でＧＭ作物の規制を行う指針を同年中に策定することが決まり、九月一四日には、県内の一般圃場でのＧＭ作物の栽培を規制する「遺伝子組み換え食用作物の栽培規制に関するガイドライン」が制定された。

二〇〇三年、茨城県では独立行政法人・農業環境技術研究所の試験圃場で、農業技術研究機構・作物研究所が開発したＧＭイネの試験が行われた。その他にも、多数のＧＭ作物が毎年、独立行政法人・農業環境技術研究所などの圃場で栽培されてきた。その茨城県の谷和原村で、バイオ作物懇和会によってＧＭ大豆の栽培が行われ、収穫を目指すことが明らかになり、花が咲いたことから花粉飛散の懸念が強まり、周囲の農家の間で危機感が強まった。そのため二〇〇三年八月、周辺の農家が刈り取り、すき込むという事件が発生し、全国に衝撃をもたらした。

また、日本モンサント社の実験圃場でも毎年栽培が繰り返されていることもあり、茨城県に対して規制を求める声が強まった。同県は、二〇〇四年三月四日に「遺伝子組換え農作物の栽培に係る方針」をつくり、そこで野外で栽培を行う場合、近隣の農家の了解を得ることと、他の農作物への交雑・混入防止を求めた。しかし、ＧＭ作物の開発拠点であるつくば研究学園都市をもつことから、指針や条例よりも、はるかに規制力の乏しい方針にとどめた。

滋賀県では二〇〇三年八月、中主町でバイオ作物懇話会によるＧＭ大豆の栽培が行われ、刈り取りすき込みが行われた。その際、国松善次知事が記者会見の席上で、「遺伝子組み換え作物の作付けを規制する独自の指針をつくる」と表明し、二〇〇四年八月二四日に「遺伝子組換え農作物の栽培に関する滋賀県指針」が発表された。

このように各地で規制が進む中で、日本最大の食料生産基地である北海道の動向が注目されるようになった。

北海道・新潟県で規制条例できる

日本で初めてＧＭ作物栽培規制条例を制定したのは、北海道である。北海道内では、北見市で二〇〇二年にバイオ作物懇話会によってＧＭ大豆が一haもの広さに栽培されるという事件が発生して、農家や消費者の間で不安が広がった。それに加えて、翌二〇〇三年に札幌市郊外にある独立行政法人・北海道農業研究センターで、農業生物資源研究所が開発した光合成活性化ＧＭイネの試験栽培が行われたことに対して、道内で反対運動が広がった。このふたつの事件が影響して、北海道がＧＭ作物栽培規制条例制定を考え始めた。

北海道はＧＭ作物栽培規制について、一般圃場での商業栽培と、研究段階での野外での栽培試験とを分けて検討した。一般栽培に関しては、汚染や混入を防ぐために栽培中止要請などを行うことなどが決められ、食の安全・安心条例一七条にその項目が入れられ、二〇〇五年三月三一日に施行された。

他方、試験栽培に関しては別途、ＧＭ作物栽培規制条例が検討された。二〇〇五年三月二四日、北海道議会がこの独自の規制条例を可決、二〇〇六年一月一日から施行された。これによって北海道では、商業栽培は「知事の許可制」という原則禁止が打ち出され、届け出のない栽培は罰則の対象になるため、すべての栽培・栽培計画について、道が掌握することになった。

表１　都道府県での条例施行・指針制定の現状

食の安全・安心条例にGM作物交雑・混入防止の項目を入れた自治体
北海道「北海道食の安全・安心条例」(2005年４月施行) 新潟県「にいがた食の安全・安心条例」(2005年10月施行) 千葉県「千葉県食品等の安全・安心の確保に関する条例」(2006年４月施行) 京都府「京都府食の安心・安全推進条例」(2006年４月施行) 徳島県「徳島県食の安全安心推進条例」(2006年４月施行) 神奈川県「神奈川県食の安全・安心の確保推進条例」(2009年７月採択)
食の安全・安心条例に連動した条例・指針の施行・制定状況
北海道「遺伝子組換え作物の栽培等による交雑等の防止に関する条例」(2006年１月施行) 新潟県「新潟県遺伝子組換え作物の栽培等による交雑等の防止に関する条例」(2006年５月施行) 徳島県「遺伝子組換え作物の栽培等に関するガイドライン」(2006年５月制定) 京都府「遺伝子組換え作物の交雑混入防止等に関する指針」(2007年１月制定)
独自の指針・方針の制定状況
茨城県「遺伝子組換え農作物の栽培に係る方針」(2004年３月制定) 滋賀県「遺伝子組換え作物の栽培に関する滋賀県指針」(2004年８月制定) 岩手県「遺伝子組換え食用作物の栽培規制に関するガイドライン」(2004年９月制定) 兵庫県「遺伝子組換え作物の栽培等に関するガイドライン」(2006年３月制定) 東京都「都内での遺伝子組換え作物の栽培に係る対応指針」(2006年５月制定)
市町村での施行・制定状況
藤島町（現鶴岡市）「人と環境にやさしいまち条例」(2003年４月施行) 今治市「今治市食と農のまちづくり条例」(2006年９月施行) つくば市「遺伝子組換え作物の栽培に係る対応方針」(2006年７月発表) 高畠町「たかはた食と農のまちづくり条例」(2009年４月施行) 綾町「綾町自然生態系農業の推進関する条例」(2009年３月改正)

北海道ではＧＭ作物の商業栽培が事実上不可能になり、研究・開発も一定の制約を受けることになった。

新潟県では二〇〇五年、上越市にある独立行政法人・中央農業総合研究センター・北陸研究センターで複合耐病性ＧＭ稲の野外栽培試験が行われた。県内の農家や消費者が反対運動を進め、日本で初めて栽培中止を求める差止め請求訴訟も起こされた。しかし、栽培は強行され、収穫まで至った。そのため地元の農家・消費者代表などは、同年一二月一九日、今度は栽培によって精神的苦痛を受けたとして二六七〇万円の損害賠償請求と、二〇〇六年の試験栽培差止めを求めて新潟地裁高田支部に提訴した。

新潟県は県内外で反対運動が広がったことから、規制条例づくりに向けて動き始めた。同県では食の安全・安心条例を作成中だったが、八月にはその条例の中に、急きょ「ＧＭ作物の交雑・混入防止」が入れられた。さらに北海道につづきＧＭ作物栽培規制条例をつくることになった。二〇〇六年五月二〇日「新潟県遺伝子組換え作物の栽培等による交雑等の防止に関する条例」が施行され、同県は第二番目の条例制定自治体となった。

市町村にも広がり始める

二〇〇五年に市民団体の手によって日本全国でＧＭナタネの自生調査が行われた際、注目された県のひとつが千葉県だった。事前の調査で、ＧＭナタネが千葉港で自生していることが確認されていたからである。本調査では、千葉港以外で佐原市でも見つり、予想以上に汚染が拡大していることが分かった。そのことから、県に規制強化の働きかけを行ってきた。このことが千葉県を規制条例づくりに進ませ、同県では食の安全・安心条例の中に「ＧＭ作物の交雑・混入防止」の項目を入れて二〇〇六年四月一日から施行された。さらにそれに連動してＧＭ作物栽培規制指針の検討が進められた。

これまでは都道府県の動きについて述べたが、市町村にも動きが出てきた。その中で注目されたのが、愛媛県今治市と山形県高畠町・宮崎県綾町である。前者は、北海道同様、ＧＭ作物の商業栽培を「原則禁止」とする画期的な「今治市食と農のまちづくり条例」を二〇〇六年九月に施行した。同市はもともと、有機農業に力を入れており、ＧＭ作物は有機農業を破壊することから、このような厳しい規制条例を制定したようである。

宮崎県綾町の条例についてはＧＭＯフリーゾーンへの取り組みの際に、すでに述べた。山形県高畠町では、いったんＧＭ作物栽培を禁止する条例案を作成したが、農水省の介入が起きた。「国の規制を上回る規制を作るな」という牽制が行われたのである。この介入は、地方分権の考え方に反しており、地方自治を踏みにじるものである。この介入によって一歩後退は強いられたものの「たかはた食と農のまちづくり条例」が施行された。いまやＧＭ作物栽培規制は、地方自治の試金石になっている、といっても過言ではない状況にある。

おわりに　食と民主主義

スイスへ

二〇〇九年四月二四日から二五日にかけて、スイスの古都ルツェルンでGMOフリーゾーン欧州会議が開催された。これまでドイツやベルキーで行われてきたが、初めてスイスで開催された。

なぜスイスなのか、なぜルツェルンなのか、また今回のテーマが「食と民主主義」であるが、なぜ民主主義なのか。少し寄り道となるが簡単に述べておこう。

ドイツの文豪ゲーテは、憑かれたようにヨーロッパ中を旅しており、スイスも三回訪れている。有名なイタリア紀行の際にも通っているので、計四回ともいえる。そのゲーテがスイスでもっとも好んだ場所が、同国の中央部にある、ザンクト・ゴットハルト峠であった。北と南を結ぶルートであり、ドイツ的なものとイタリア的なものの境界となっている。

「食と民主主義」会議で開会の挨拶を行うスイスの国会議員で緑の党のマヤ・グラフさん

この峠が開削されたのが一二世紀で、これによってスイスが大きく変わった。峠が結んだ道は、交易ルートであるとともに軍事ルートでもあった。峠から北に向かうルート上にあるルツェルンは、一二世紀後半に誕生した町である。峠が開削されたことで、町が面する湖「フィーア・ヴァルト・シュテッター湖（四つの森の州の湖）」が交易路となり、商取引で成長した。その反映に目をつけたのがハプスブルク家で、ルツェルンは同家によって買収された。

スイスの歴史の出発点とされる日は一二九一年八月一日、現在の建国記念日である。フィーア・ヴァルト・シュテッター湖に面したウーリー、シュヴィーツ、ウンターヴァルデンの三つのカントン（州）がハプスブルク家の抑圧に抗して同盟を結んだ日で、この時に生まれた物語が「ウイリアム・テル」である。後にゲーテと並ぶ文豪シラーの戯曲で有名になったフィクションである。

物語は、次のようなものである。人々はオーストリアの手先となっている代官により暴虐を受けていた。代官は人々をさげすみ竿の上にオーストリアの帽子を乗せて通行人に拝ませていた。それを無視したテルは捕まり、息子の頭上に乗せたリンゴを弓で射る刑を科せられた。それをきっかけに圧制に怒った人々が立ち上がり、ついに自由と自治を勝ち取った。この物語がスイスの建国と重なる。

この時にカントン主権が確立した。現在、憲法でも「主権はカントンにある」と書かれているように、同国では、州政府に強い自治権を与えている。三割自治といわれる日本の都道府県とは大違いである。今回のGMOフリーゾーン欧州会議を象徴するデザインにも、リンゴを射るデザインが使われていた。

当初ルツェルンはハプスブルク家側に立ったが、三カントンとは同じ湖を挟んで向かい合い、つながりが強かったことから、すぐに共に歩むことになった。

このように湖を取り囲む四つのカントンが、スイスの自治と独立の精神の強靭さの出発点になり、その後数を増やしながらも、その精神を維持してきた。そのことが、同国が国連やEUにも加盟せず、自主独立を貫くとともに、独自の徹底した自然保護や農業保護を貫く政策につながっている。

国民投票でGM作物「ノー」

また民主主義というテーマ設定自体、スイスらしさが滲みでている。スイスで開催された最大の理由が、同国で行われた国民投票で、GM作物の栽培や流通を禁止したことにある。同国は、二〇〇五年一一月二七日に国民投票で五六％の支持を集め、GM作物の五年間のモラトリアムを決めた。この結果は、実はスイス政府や議会の方針に反するものだった。二〇〇八年五月、ちょうどボンで国際会議が開催されているときに、二〇一三年までこのモラトリアム延長が決定した。スイスはGMOフリーを国民投票で決めた。国民が決めるという、究極の民主主義の形態で食の未来の在り方を決めたのである。

このような国民投票は、日本では行われたことがない。スイスで最初に憲法をめぐり国民投票が行われたのは、一八〇二年のことだった。その後、一八四八年憲法で、国民投票制度が確立するが、その時は憲法改正に関してのみの規定だった。その後、一八七四年の憲法改正で、憲法以外に関しても国民投票が発議できるようになった。今日の憲法では、憲法改正に関しては一〇万人以上、それ以外のテーマに関しては五万人以上か八カントン以上の発議で国民投票が実施される。

スイスの憲法は、その他にも大変ユニークな規定が多い。環境問題（七三、七四条）では連邦やカントンに「自然の持続可能な利用や環境保護」を義務づけるとともに「汚染者負担の原則」を明記している。生殖操作、臓器移植、動物の保護なども細かく規定されている。GM作物・食品に関する項目もある（一〇二条）。「連邦は、動物、植物、その他有機体の生殖および遺伝形質利用の対策のために規制を設ける。その際、連邦は、創造の尊厳、人、動物および環境の保全を勘案し、かつ動植物の品種の遺伝的多様性を保護する」というものである。スイスを旅すると、その保護の徹底ぶりに驚かされる。日本のように形式だけ整え尻抜けにする国とは大きな違いを感じる。

スイス憲法は、自国の農業も手厚く保護している（一〇四条）。まず食料を「全住民に対して確実な供給を行うこと」と規定し、農家の収入を安定させるために、連邦に直接支払いで支えることを求めている。また有機農業のような自然に親密で、環境や動物に優しい農業を奨励することも求めている。また農薬や化学肥料の過度の使用から環境を守ることも求めている。その結果、スイスの有機農家の数は六一一一軒で、全農家の一一・九％に当たり、世界で最も有機農家の割合が高い国となった。有機農業の農地は一二万一〇〇〇haで、そのうち一一万二〇〇〇haが、スイスでもっとも厳しい規格である「ビオ・スイス（Bio Suisse）」の認証を得ている。このビオ・スイスは、通常の有機認証よりも一段と厳しくなっている。

食品には現在地、品質、製造方法、加工過程を明記するように求めている。私たちが入ったレストランのメニューにも、素材の原産地が表示されていた。

前年の会議で、ある人がGM作物への対応で「同じヨーロッパでもスイスは別世界のようなところ」と述べたが、それには以上のような理由がある。

第五回目の会議

GMOフリーゾーン欧州会議は、環境保護団体や市民団体が主催して、欧州中からGMOフリーゾーンに取り組む人たちが年に一回集まってくる。二〇〇九年は第五回の会議で、第一回は二〇〇四年一月にドイツ・ベルリンで開催された。それ以降、第二回もベルリン、第三回はベルギーのブリュッセルで開かれた。この第三回の会議に初めて、日本からストップGMO連絡協議会を構成する生協のメンバーが参加して、GMナタネ自生調査を報告した。

スイスの市民団体が国民投票の際に用いた「GM食品は食べない」意志を示した大きな買い物袋

二〇〇八年の第四回の会合は、ちょうど生物多様性条約締約国会議とカルタヘナ議定書締約国会議の時期にぶつけて、五月にドイツのボンで開催され、会議の名称も「プラネット・ダイバーシティ」として、期間もカルタヘナ議定書締約国会議にあわせ、五日間行われ、会議前日にはライン川河川敷公園で野外イベントやデモが催され、途上国も含めて世界各国から様々な人が参加したことは、最初に述べた。

二〇〇九年は通常に戻り二日間で、「食と民主主義」をテーマに開催された。会場は湖畔に立つ美術館と会議場が併設されたＫＫＬルツェルンで、目の前は噴水があるヨーロッパ広場、遊覧船などの発着場があり観光客でにぎわっていた。会議の参加者は三九カ国二五〇人で、欧州中から集まった。

スイスでも、ＧＭＯフリーゾーン運動は進められており、今回の報告では、「ティチーノ、ヴォー、ジュラ、アッペンツェルの四つのカントンがＧＭ作物の商業栽培を禁止している」ということだった。また「輸入される食品や作物は九九％ＧＭＯフリーであり、市場は一〇〇％ＧＭＯフリーだ」と述べていた。世界で一番食べている日本人から見たら、うらやましい限りである。

スイス時計のように正確に進行する会議

会議は、二四日の朝九時半、最初にスイス連邦議会の与党である国民協議会のメンバーで緑の党のマヤ・グラフの開会宣言で始まった。ルツェルン・カントン議会議長のアドリアン・ボルグラなど地元スイスの政治家が発言した後、オーストリア農業大臣のニコラス・ベルラコビッチが挨拶し、スコットランド政府環境大臣のロゼアナ・カミングハムのビデオメッセージが大スクリーン上に流され、さらにドイツ緑の党の元代表で、消費者保護・食料・農業大臣だったレナーテ・キュナスト、チェコの環境大臣カレル・ブラハ、欧州議会議員で緑の党のフリードリッヒ・ヴィルヘルム・グレッフェ・ツー・バーリングドルフ、スイス農民同盟代表のハンスヨルク・ヴァルター、最後にイタリアのスローフード協会事務局長のカルロ・ボグリオッチが発言するなど、国際色豊かなオープニング・セッションだった。

このスイスの会議は、スイス時計のように始まりや終わりの時間が正確で、発言者も時間制限を守っている点で、これまでドイツやベルギーで開催された会議のアバウトさと違っていた。

会議は二日間にわたり、分科会とセッションがくり返された。

二日目の夕方、最後に行われた締めくくりのセッション「会議の結論とこれからの戦略」で、最初に登場したのが、おなじみのカナダの農民パーシー・シュマイザーだった。全員が会場の外に出ての記念撮影も行われた。最後に主催者代表ベニー・ハエアーリンがまとめて、すべての日程を終了した。その後通訳など会議の運営を支えた人たちが紹介され、チューリップの花が手渡され、散会となった。終了時間は一七時一五分。会議に出席した多くの人から「名古屋に行きます」と声を掛けられた。外にでると、この日はルツェルンの市民マラソンの日で、町中がお祭り騒ぎでにぎわっていた。「次は名古屋である」。

あとがき

考えてみると、私自身、環境問題に関わり始めてから四〇年近くになる。その間、環境は悪化したといえても、とても改善されたとはいえない。この環境悪化と農業など第一次産業の崩壊は、強く関係している。農業や漁業を死に追いやってきたことが、私たちが生きていくために必要な環境という基盤を奪ってきたといえる。

いまの社会は経済優先、添田唖蝉坊流にいえば、「カネだ、カネだ、カネだ」である。本来、景気が悪化すると、経済が縮小して、環境が多少はよくなるはずだが、ところが景気対策ということで高速道路料金引き下げなど、次々と環境を破壊するような政策が実行されている。多様性は、経済優先と対極にある考え方である。

経済優先によって奪われたものは、第一次産業や環境だけではない。学問や文化もである。カネにならない哲学や歴史などが軽視され、大学から学科が消えつつある。出版文化も大きく変容してきた。その結果、出版界はいま大変な不況下にある。景気が悪くなればなるほど、数で稼ごうと出版点数は増えていく。書店に行くと文庫・新書など手軽な本が増え、棚を占拠するため、ハードカヴァー本はスペースが狭まり、さらに硬派の本となるとほとんど棚においてもらえなくなってしまった。これこそ出版文化の衰退である。

そんな中にあっても、硬派のハードカヴァー本を出し続ける志ある出版社には頭が下がる。緑風出版は、そのような出版社の代表といっても過言ではない。しかも高須次郎・ますみ夫妻は、単に出版活動を行っているだけでなく、出版業界全体がおかしな方向に進まないように中小出版社を束ねて活動している。

今回もまた、その高須夫妻にご厄介になった。感謝の言葉もない。

[著者略歴]

天笠　啓祐（あまがさ　けいすけ）

1947年東京生まれ。早大理工学部卒。現在、ジャーナリスト、遺伝子組み換え食品いらない！キャンペーン代表、市民バイオテクノロジー情報室代表

主な著書『原発はなぜこわいか』（高文研）、『脳死は密室殺人である』（ネスコ）、『Q&A 電磁波はなぜ恐いか』『遺伝子組み換え食品』『DNA鑑定』『食品汚染読本』『Q&A 危険な食品・安全な食べ方』『世界食料戦争』（緑風出版）、『遺伝子組み換え動物』（現代書館）、『くすりとつきあう常識・非常識』（日本評論社）、『いのちを考える40話』（解放出版社）、『バイオ燃料』（コモンズ）、『遺伝子組み換えとクローン技術100の疑問』（東洋経済新報社）、『地球とからだに優しい生き方・暮らし方』（つげ書房新社）、『遺伝子組み換え作物はいらない！』（家の光協会）ほか多数

生物多様性と食・農

（せいぶつたようせいと しょく・のう）

2009年9月10日　初版第1刷発行　　定価1900円＋税

著　者　天笠啓祐 ©

発行者　高須次郎

発行所　緑風出版 ©

〒113-0033　東京都文京区本郷2-17-5　ツイン壱岐坂

［電話］03-3812-9420　［FAX］03-3812-7262

［E-mail］info@ryokufu.com

［郵便振替］00100-9-30776

［URL］http://www.ryokufu.com/

装　幀　斎藤あかね　　カバー写真提供　Kenichi Arai

制　作　R企画　　印　刷　シナノ・巣鴨美術印刷

製　本　シナノ　　用　紙　大宝紙業　　E2000

ISBN978-4-8461-0909-7　C0036

◎緑風出版の本

■全国どの書店でもご購入いただけます。
■店頭にない場合は、なるべく書店を通じてご注文ください。
■表示価格には消費税が加算されます。

プロブレムQ&A
危険な食品・安全な食べ方
〔自らの手で食卓を守るために〕
天笠啓祐著

A5判変並製
一八四頁
一七〇〇円

狂牛病、鳥インフルエンザ、遺伝子組み換え食品の問題など、食を取り巻く環境はますます悪化している。本書は、このような事態の要因を様々な問題を通して分析、食の安全と身を守るにはどうしたらよいかを具体的に提言する。

世界食料戦争〔増補改訂版〕
天笠啓祐著

四六判上製
二四〇頁
一九〇〇円

現在の食品価格高騰の根底には、グローバリゼーションがあり、アグリビジネスと投機マネーの動きがある。本書は、旧版を大幅に増補改訂し、最近の情勢もふまえ、そのメカニズムを解説、それに対抗する市民の運動を紹介している。

食品汚染読本
天笠啓祐著

四六版並製
二一六頁
1700円

遺伝子組み換え品種の食品への混入による遺伝子汚染、牛肉から牛乳・化粧品にまで不安が拡がるプリオン汚染、廃棄電池によるカドミ汚染など枚挙にいとまがない。本書は、問題をわかりやすく解説し、消費者主導の予防原則を提言。

〔増補改訂〕
遺伝子組み換え食品
天笠啓祐著

四六判上製
二八〇頁
2500円

遺伝子組み換え食品による人間の健康や環境に対する悪影響や危険性が問題化している。日本の食卓と農業はどうなるのか？　気鋭の研究者がその核心に迫る。本書は大好評の旧版に最新の動向と分析を増補し全面改訂した。